GERT LINDNER

Muscheln und Schnecken

sammeln und bestimmen

Die häufigsten und schönsten Arten

Für die Strände Europas

blv

Bibliografische Information Der Deutschen Bibliothek
Die Deutsche Bibliothek verzeichnet diese Publikation in der Deutschen Nationalbibliografie; detaillierte bibliografische Daten sind im Internet über http://dnb.ddb.de abrufbar.

Bildnachweis

Alle Fotos Gert Lindner,
außer S. 17 u: I. u. F. Kögel

Umschlagfotos: Gettyimages,
Peter Dawson (vorne)
Gert Lindner (hinten)

Foto S. 1 l: Gewöhnliche Turmschnecke
Foto S. 1 r: Große Pilgermuschel

Zeichnungen
Daniela Farnhammer:
S. 15 (nach G. Lindner)
S. 36 (nach G. Lindner)
S. 64 (nach R. Kilias, 1993)
S. 82 (nach G. Lindner)
H. Hoffmann: S. 76
G. Lindner: S. 60 (nach W. E. Ankel, 1936),
S. 72
S. 20: aus Dautzenberg, 1913
S. 42, 44, 66, 86 u, 90: aus E. Stanford, 1873
S. 56: aus C. Nielsen, 1975

3. durchgesehene Auflage, Neuausgabe

BLV Buchverlag GmbH & Co. KG
80797 München

Lektorat: Dr. Friedrich Kögel
Herstellung: Hermann Maxant
Umschlagentwurf: Anja Masuch

Gedruckt auf chlorfrei gebleichtem Papier

Printed in Germany
ISBN 978-3-8354-0374-1

Einführung

Der natürlichen Schönheit dieses Wellhornschneckengehäuses tut auch so eine Schicksalsspur keinen Abbruch.

Strandspaziergänger erleben das immer wieder: Man geht und geht, und der Spülsaum nimmt kein Ende. Mit jedem Schritt entdeckt man neue Dinge, kleine Wunder der Natur, die Flut und Wellen unaufhörlich über den Sand hinstreuen. Am schönsten sind die Muschel- und Schneckengehäuse. Wir bücken uns nach ihnen und nehmen sie auf, da eine Herzmuschel, dort eine Auster, ein Wellhorn und drei Schritte weiter eine rosafarbene Tellmuschel. Das Wiederfortwerfen fällt schwer. Bald können unsere Hände die Fülle nicht mehr fassen. Schon haben wir beide Taschen voll, und auch eine runde Blechbüchse, die uns die Wellen wie absichtlich vor die Füße rollten.
Von der Reise zurückgekehrt, beginnen wir zu sichten, zu ordnen. Auch das macht Spaß! Anhand des kleinen Taschenbuchs, das wir uns inzwischen besorgt haben, möchten wir unsere Beute bestimmen. Wir sind überrascht von der Fülle der Formen, die wir schon beim Betrachten der Abbildungen erkennen. Manche Arten haben wir gefunden, an anderen sind wir vor-

Spülsaum auf der Insel Sylt.

beigelaufen, weil uns draußen bei Sonne und Wind der rechte Blick für die erkennbaren Merkmale fehlte. Nächstes Mal wollen wir aufmerksamer sammeln und uns von vornherein von dem kleinen Buch leiten lassen. Wenn uns das Schicksal noch einmal an einen Strand führt! Ja, wenn . . . !

Fundgelegenheiten und mögliche Reiseziele

Beliebte Ferienziele sind im Allgemeinen die deutsche Nordseeküste, die Küsten Mecklenburgs, Dänemarks, der Bretagne, Südportugals, Spaniens, der Adria, die südtürkische Küste, Zypern, Kreta und andere griechische Inseln im Mittelmeer.

Wer im Ausland nach Muscheln und Schnecken sucht, sollte immer auch den örtlichen Fischmärkten einen Besuch abstatten, weil dort in der Regel neben anderem auch Arten aus tieferen Fanggebieten für den Verzehr angeboten werden. Reiches Beutegut findet sich gelegentlich auch im weggeworfenen Beifang in der Nähe freiliegender Fischerboote.

Winzig kleine Wattschnecken findet man massenhaft in den Riffelmulden (Sandwatt an der Elbemündung bei Cuxhaven).

Nord- und Ostsee

Nördlich der Elbmündung ist der deutschen Nordseeküste ein ausgedehntes Wattgebiet vorgelagert, das eine ganz andere Lebewelt beherbergt als die offenen Sandstrände der Ost- und Nordfriesischen Inseln oder der dänischen West- und Ostküste im Norden.

Nach der Bodenzusammensetzung wird zwischen dem bei Niedrigwasser (Ebbe) begehbaren Sandwatt und dem weniger dichten Mischwatt und Schlickwatt unterschieden.

Die Kraft der Flut reicht auch über das Watt hinweg bis in weitere Entfernungen und trägt die schöne Fracht freigiebig heran: die Rote Bohne *(Macoma balthica)* aus der unteren Gezeitenzone, die Pfeffermuschel *(Scrobicularia plana)* aus dem weichen Schlick. Vom zähen »Klei« kommen die Bohrmuscheln (*Barnea candida* und *Zirfaea crispata*), vom schlickigen Sand die Sandklaffmuscheln (*Mya arenaria* und *Mya truncata*). Häufigster Bewohner des Watts ist die nur wenig mehr als 8 mm hohe Wattschnecke *(Hydrobia ulvae)*, die den Boden in Dichten bis zu 7000 Individuen auf nur 0,1 m^2 bedecken kann (siehe Foto). Herzmuscheln *(Cerastoderma edule)* findet man überall. Sie werden in den Rinnen und Prielen oft zu regelrechten Wällen zusammengespült. Miesmuschelbänke *(Mytilus edulis)* liegen in Küstennähe.

Am offenen Sandstrand mit seinem sandigen, sich rasch in die Tiefe verlierenden Untergrund ist die Kraft der Wellen stärker als über dem nur flach bedeckten Watt. Ein Sturm kann auch in die Tiefe greifen und den Meeresgrund in noch größerer Entfernung von der Küste bearbeiten. Dabei wird der lockere Boden aufgewühlt. Zahlreiche Pflanzen und Tiere geraten ins Treiben, auch diese Treibsel gelangen an den Strand. Man findet Algen und Tangpflanzen, die von der englischen und schottischen Küste stammen, Muscheln und Schnecken, die über weite Strecken mitgenommen werden, z. B. die große, schwere Islandmuschel *(Arctica islandica)*. Austern, Kammmuscheln, Wellhornschnecken sind ausgesprochene Flachwasserarten. Aus 7–40 m Wassertiefe stammen die Dickschalige Trogmuschel *(Spisula solida)*, die Gebänderte Stumpf- oder Dreieckmuschel *(Donax vittatus)* und die Stachelige Herzmuschel *(Acanthocardia echinata)*. In den Senken und Rinnen noch weiter seewärts leben die Turmschnecke *(Turritella communis)* und Wendeltreppe *(Epitonium clathrus)*. Zwei der häufigsten Muscheln im Angespül auf dem Sandstrand sind die Gedrungene Trogmuschel *(Spisula subtruncata)* und der schöne, bunte Strahlenkorb *(Mactra stultorum)*.

Insgesamt kommen in den deutschen Meeresgebieten etwa 130 Muschel- und Schneckenarten vor, mehrere davon aber lediglich in der bis zu 60 m tiefen, so genannten »Tiefen Rinne« südlich bis westlich von Helgoland. Diese können im Angespül nicht erwartet werden.

In der Ostsee, in die eine Anzahl größerer Flüsse mündet, und die für einen Wasseraustausch nur zwischen den dänischen Inseln und durch das Kattegat

Bizarre Granitblöcke und dazwischen immer wieder sandige Buchten prägen das Bild der bretonischen Kanalküste. Felsen und Strände bieten reiche Fundmöglichkeiten.

In den Grèves de Lilia (nördliche Bretagne) fallen bei Niedrigwasser weite Strecken des dort mit Tangpflanzen bewachsenen Meeresbodens trocken.

hindurch einen Zugang zum offenen Meer hat, ist auf Grund des geringeren Salzgehalts die Artenvielfalt geringer. Auch die Gehäusegrößen sind reduziert.

Ärmelkanal und anschließender Atlantik

Der Ärmelkanal ist die Verbindung zwischen dem Atlantischen Ozean und der südlichen Nordsee. Er beginnt im Westen zwischen dem englischen Cornwall und der französischen Bretagne und hat starke Gezeitenströme mit einem hohen Gezeitenhub (in der Bucht von St. Malo bis 14 m). Westlich des Mont-Saint-Michel zieht sich das Meer bei Ebbe sehr weit zurück und hinterlässt eine faszinierende Amphibienzone mit ungezählten Muschel- und Schneckenarten.

Da der Kanal von einem Arm des wärmer temperierten Golfstroms gespeist wird, ist auch die Muschel- und Schneckenfauna anders und vor allem reicher als in der Nordsee. An einzelnen Orten in der Bretagne (St. Jacut-de-la-Mer, Plage du Rougeret, St. Cast-le-Guildo, alle in der Bucht westlich von Dinard) sind bei Ebbe bis zu 200 Arten gezählt worden. Einige finden ihre Entsprechung im Mittelmeer, z. B. die Bunte Kreiselschnecke (*Calliostoma zizyphinum* Form *conuloide* [Bretagne] bzw. *Calliostoma zizyphinum* [Mittelmeer]) oder die Venusmuschel (*Chamelea gallina* Form *striatula* und *gallina* [hier und dort]). Andere sind angepasste Atlantikarten, die häufigsten: Gewöhnliche Napfschnecke *(Patella vulgata)*, Nordische Purpurschnecke *(Nucella lapillus)*, Stachelige Steinschnecke *(Ocenebra erinaceus)*. Kreiselschnecken können bei tiefer Ebbe (Hohlebbe) an den Unterseiten überhängender Felsen gesammelt werden (z. B. am felsigen Grand Plage von St. Cast-le-Guildo oder weiter westwärts an der gesamten Nordküste, den »Côtes de Granit« bei Trébourden, Roscoff bis Portsall).

Nördlich der Mündung des Aber-Wrac'h gibt das Meer bei Ebbe ebenfalls weite Strecken des mit Tangpflanzen bewachsenen Meeresbodens frei – Lebensraum der Stumpfen Strandschnecke *(Littorina obtusata)*.

Im sandigen Boden bei Ebbe trockengefallener Buchten können lebende Herzmuscheln *(Cerastoderma edule)*, große Scheidenmuscheln *(Ensis siliqua)* und die Schlichte Artemis *(Dosinia exoleta)* zu Speisezwecken geerntet werden.

An vereinzelten großen Felsbrocken sitzen massenhaft Spitze Strandschnecken *(Littorina neritoides)*, Raue Strandschnecken *(Littorina sa-*

Die »petits grottes« in den Küstenfelsen der Bucht von Morgat können bei Ebbe begangen werden. An den Wänden und umherliegenden Felsbrocken leben unter anderem verschiedene Napfschneckenarten.

Beute sichten in der Bucht von Morgat.

Kliffküste an der Algarve.

xatilis) und die schön gezeichnete *Littorina compressa (»nigrolineata«)*.
Südlich Brest, am Südrand der Halbinsel Crozon, liegt der touristisch stark frequentierte Ort Morgat mit seinen bizarr geformten Höhlen, darin an den Felswänden unter anderen die Niedergedrückte Napfschnecke *(Patella intermedia)*.

West- und Südportugal (Algarve)

Dies ist ein Grenzbereich, in dem sich die Verbreitungsgebiete der Muscheln und Schnecken von der atlantischen und nordafrikanischen Küste und des Mittelmeers begegnen. Die Artenfülle ist sehr groß (nach einem neuen Vermerk über 700).
Bemerkenswerte Arten sind unter anderen die verschiedenen Tritonshörner *(Charonia lampas, Ch. parthenopeum, Ch. corrugatum)*, das Große Argushorn *(Ranella olearius)*, der Rote Runzelstern *(Bolma rugosa)*, die Birnenkauri *(Zonaria pyrum)*, die Braune Venusmuschel *(Callista chione)*, die von der nordafrikanischen Küste heraufdrängende Walzenschnecke *(Cymbium olla)* und die aus dem Mittelmeer austretende Herkuleskeule *(Bolinus brandaris)*.
Lissabon ist der Ort, nach dem die bis in die Normandie feststellbare Lissabon-Napfschnecke *(Patella ulyssiponensis)* benannt worden ist.
Interessante Fundplätze an der Algarve sind vor allem die bei Ebbe trockenfallenden Wattflächen, die Sände im Lagunensystem des Naturparks Ria Formosa bei Faro, die von Olhao aus mit dem Boot erreichbare Ilha de Farol, der Muschelsand bei Fuzeta und der Praia de Monte Gordo, dicht an der spanischen Grenze.
Im Westen bieten der kleine Fischerort Sagres (Austernkulturen) und der

Strand Praia de Luz bei Lagos gute Fundmöglichkeiten. Viele Arten findet man aber auch überall im weggeworfenen Beifang und in den Netzen trockenliegender Fischerboote.

Mittelmeer

Felsiger Grund und felsige Klippen beherbergen vorwiegend kleinere Formen mit dickwandigen und schweren Gehäusen, die wie die Kreisel- und Buckelschnecken dem starken Anschlagen der Wellen standhalten können, oder solche wie die Napfschnecken mit starkem Saugfuß und flachem Gehäuse, dessen Rand sich geradezu hermetisch an die Gesteinsunterlage anschmiegt.

Muscheln kommen an felsigen oder hartgründigen Küsten weniger vor und beschränken sich auf Arten, die sich entweder wie die Miesmuscheln *(Mytilus galloprovincialis)* mit so genannten Byssusfäden am Gestein anheften oder sich wie die Auster *(Ostrea edulis)* oder Lazarusklapper *(Spondylus gaederopus)* durch eine Kalkabscheidung am Hartgrund anzementieren bzw. sich wie die Meerdattel *(Lithophaga lithophaga)* in das Gestein einbohren.

Flache Sandgründe werden hauptsächlich von Tieren bewohnt, die sich entweder wie die Muscheln ganz in den Sand eingraben oder diesen wie einige Schneckenarten auf der Nahrungssuche mit ihrem dafür spezialisierten Fuß durchpflügen können.

Diese Hinweise mögen genügen, um die Unterschiedlichkeit der Lebensräume und der ihnen angepassten Bewohner an den Mittelmeerküsten zu kennzeichnen. Für weitere Angaben ist die Artenfülle in dieser Region zu groß. Allein an der Insel Kreta sind bis 100 und

Von ihrem Fang heimgekehrte Fischer sind immer gute Ansprechpartner, wenn es um das Überlassen mitgebrachten Beifangs geht.

an der Nordküste Zyperns 373 Muschel- und Schneckenarten gezählt worden, darunter auch solche, die im Mittelmeer an sich nicht heimisch, sondern durch den Suezkanal aus dem Indischen Ozean eingewandert oder eingeschleppt worden sind – wie zum Beispiel die an der südtürkischen Küste inzwischen häufig gewordene, große Persische Flügelschnecke *(Strombus persicus)* und zahlreiche kleinere Arten (*Finella pupoides* [3–4 mm hoch], *Anachis savignyi* [4–6 mm] und andere).

Weicher Körper unter harter Schale

Schon seit Aristoteles werden die Schnecken und Muscheln nach ihrer auffälligsten Eigenart – der Bedeckung mit einer harten Schale – als »Schaltiere« bezeichnet. Anfangs stellte man ihnen eine andere Gruppe unbeschalter Tiere, hauptsächlich Tintenfische und andere schalenlose Meeresschnecken, als »Weichtiere« (Mollusca, Malakia) gegenüber. Als aber etwa um 1800 Georges Baron von Cuvier (1769–1832) durch vergleichende anatomische Studien die wesentliche Übereinstimmung im inneren Körperbau der beiden vermeintlich gegensätzlichen Tiergruppen entdeckte, wurden diese in einem eigenen Tierstamm, dem Stamm der Weichtiere oder Mollusken (Mollusca) zusammengefasst.
»Mollis« heißt weich, griechisch »malakos«,– daher die Bezeichnung der Wissenschaft von den Weichtieren als Malakozoologie oder Malakologie und der Wissenschaftler, die sich mit Malakologie befassen, als Malakologen.

Eine reiche Molluskenfauna beherbergen auch die Gezeitentümpel flacher Riffküsten (hier an der Südküste Zyperns).

Muschel oder Schnecke?

Beide sind wirbellose Tiere mit einem ungegliederten Körper, der im Wesentlichen aus vier Abschnitten – Kopf, Fuß, Eingeweidesack und Mantel – besteht.

Schnecken – näher betrachtet

Der meist schnauzenartig verlängerte Kopf trägt 1–2 Fühlerpaare, mit oft an deren Basis oder Spitze sitzenden Augen. An Stelle einer Mundhöhle haben die Schnecken lediglich einen erweiterten Schlund und darin die so genannte Raspelzunge (Radula) – einen verknorpelten Wulst mit einer hornigen, mit in Reihen stehenden, spitzen, nach rückwärts gekrümmten Zähnchen besetzten Reibplatte, mit der das Tier durch Vor- und Zurückbewegen vom Futtermaterial kleine Teilchen abraspeln kann.

Der Schneckenfuß ist in der Regel als flache Kriechsohle ausgebildet. Nach diesem werden die Schnecken auch als »Gastropoden« (Bauchfüßer) bezeichnet. Meistens hat der Fuß am Hinterende einen hornigen oder kalkigen »Deckel« (Operculum), der beim Zurückziehen die Gehäuseöffnung wie eine Art Haustür verschließt, aber auch Abwehrfunktion haben kann.

Die Meeresschnecken atmen durch Kiemen, indem sie das Atemwasser durch einen Spalt in ihre Mantelhöhle einstrudeln. Dieser Spalt ist bei den höher entwickelten Formen zu einer mehr oder weniger langen Atemröhre, dem »Sipho« ausgezogen. Oft liegt dieser geschützt in einer kanalartigen Rinne am unteren Rand der Gehäusemündung, der »Siphonal- oder Inhalationsrinne«. Manche Arten haben auch am oberen Mündungsrand einen ausgussartigen Einschnitt, die »Exhalations- oder Analrinne«, durch die das verbrauchte Atemwasser ausströmt und auch die Darmausscheidungen einen Ausgang aus der Mantelhöhle finden.

Das Schneckengehäuse

Die meisten Schnecken haben ein Gehäuse. Man kann sich dieses als eine lange, kegelförmige Röhre denken, die aus Gründen der Raumersparnis und besseren Lastverteilung zusammengerollt ist.

Berühren sich die Rohrwände in der Windungsachse, so bilden sie dort die etwas gewundene »Spindel«, die bei vielen Formen an der Mündung als »Spindelrand« (Teil der Innenlippe) zum Vorschein kommt und glatt, gedreht und gefaltet sein kann.

Außen schließen die Windungen in der »Naht« zusammen.

Berühren sich die Rohrwände innen nicht, so bilden sie an Stelle der Spindel einen Hohlraum, der an der Gehäusebasis als Öffnung – »Nabel« – sichtbar wird. Der Nabel kann weit, eng, schlitz- oder stichartig verengt, teilweise oder ganz von einer Schwiele bedeckt sein.

Der älteste Teil des Gehäuses ist seine Spitze mit dem »Apex oder Embryonalgewinde«. Das ihr entgegengesetzte Gehäuseende, die »Basis« (Grundfläche), läuft bei vielen Arten in die »Siphonalrinne« aus.

Die »Mündung«, durch die der Weichkörper des Tiers aus dem Gehäuse austritt, hat einen Außen- und einen Innenrand (Außen- und Innenlippe).

Die Gehäuseoberfläche kann »axial« (von oben nach unten) und »spiral« (den Windungen folgend) skulpturiert sein. Zur »Axialskulptur« gehören Zuwachsstreifen, Falten, Rippen, zur »Spiralskulptur« Fäden, Spiralreifen, Leisten, Kiele, Kanten. Wenn sich die

Skulpturen überlagern, entsteht »Gitterung«.
Zwei Begriffe – »Varix« und »Periostrakum« – tauchen in den Gehäusebeschreibungen immer wieder auf.
Das Wort Varix kommt aus dem Lateinischen und bedeutet eigentlich »Krampfader«. »Varicis« (umgangssprachlich auch »Varices« oder »Varizen«) sind bei manchen Schneckenarten entsprechend den Perioden des Weiterwachsens auf der Gehäuseoberfläche wulstartig zurückgebliebene Verdickungen der Außenlippe. Man könnte sie auch »dicke Wülste« nennen.
Das Periostrakum ist eine organische Außenhaut, unter der im Embryonalzustand der Schnecke oder Muschel die Schalenbildung beginnt und die bei vielen Arten das Gehäuse auch im Alter noch als eine Art Überzug bedeckt.
Hält man das Gehäuse so, dass die Spitze nach oben zeigt und die Mündung dem Betrachter zugekehrt ist, dann befindet sich die Mündungsöffnung in der Regel auf der rechten Seite. Das Gehäuse ist »rechtsgewunden«. Linkswindung kommt nur bei wenigen Arten (oder als seltene Abnormität) vor.

Muscheln

Natürlich weiß man, dass die Schnecke ein »Haus« und die Muschel »zwei Klappen« hat. Dennoch wird im Volksmund der Ausdruck »Muscheln« vielfach fälschlich auch auf die Gehäuse der Meeresschnecken angewendet.
Wesentliche Unterschiede bestehen auch im Körperbau. Der Kopf ist bis auf den Mundteil reduziert, Schlund und Radula fehlen. Die Nahrung wird mit dem Atemwasser eingestrudelt und mit Hilfe der Kiemen herausfiltriert.
Die meisten Arten graben sich mit Hilfe ihres schwellbaren Fußes im Substrat ein. Andere sind völlig sesshaft, indem sie sich mit Byssusfäden an einer festen Unterlage anheften (z. B. Miesmuscheln) oder mit einer der beiden Klappen ankitten (z. B. Austern) bzw. in Holz oder weiches Gestein einbohren (z. B. Meerdattel).
Bei den grabenden und bohrenden Arten sind die Ränder der Ein- und Ausströmöffnungen zu mehr oder weniger langen »Siphonen« (Ein- und Ausströmsipho) ausgezogen. Beide können zu einer einziehbaren Doppelröhre verwachsen sein.
Das Muschelgehäuse besteht aus zwei schaligen Klappen, die rückenseitig in Wirbelnähe durch ein elastisches »Schlossband« (Ligament) miteinander verbunden sind.
Beim Schließen werden die Klappen von den innseitigen Schließmuskeln zusammengezogen. Erschlaffen diese, dann drückt der innere (elastische) Teil des Ligaments die Klappen wieder auseinander.
Die »Wirbel«, von denen das Gehäusewachstum ausgeht, liegen rückenseitig meistens (aber nicht immer) nahe der Gehäusemitte und können nach vorn oder hinten geneigt sein.
Der innere Rückenrand der Klappen ist in der Regel zur »Schlossplatte« verbreitert und mit zahnförmigen Erhebungen und entsprechenden Vertiefungen versehen, die gegenseitig als »Schloss« ineinander greifen.
Auf der Klappeninnenseite zeichnen sich die Anwachsstellen der im Allgemeinen 2 Schließmuskeln als »Muskelflecke« ab.
In der Regel können die beiden Klappen die Mantelhöhle dicht abschließen. Es gibt aber auch klaffende Gehäuse.

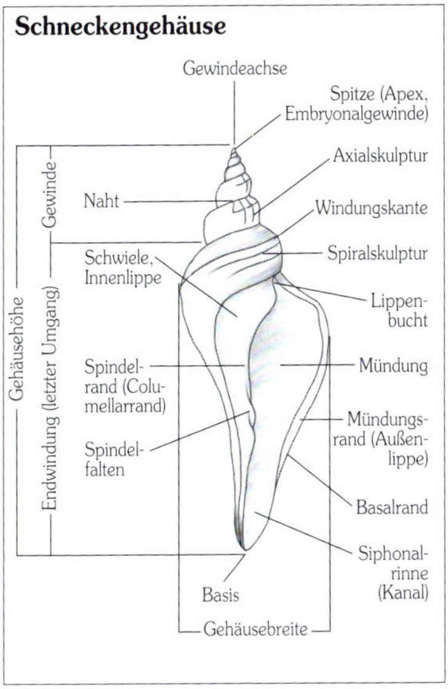

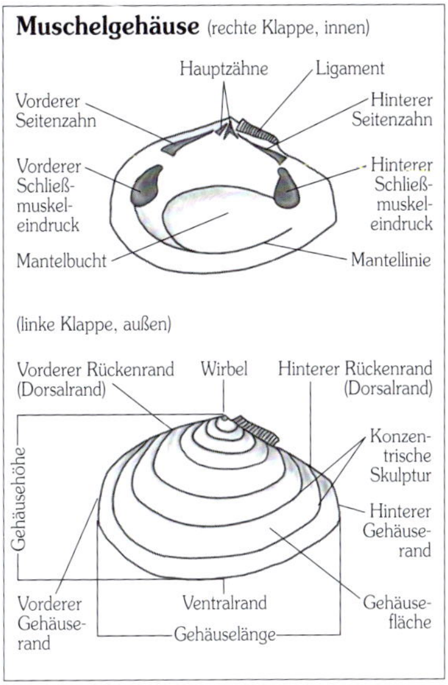

Bezeichnungen an Schnecken- und Muschelgehäusen.

Reinigen und verwenden

Hände weg von sog. säurehaltigen und kalklösenden Haushaltsreinigern! Gegen Verkalkung gibt es kein Mittel. Leere Gehäuse reinigt man mit warmem Seifenwasser und einer alten Zahnbürste. Gegen Algen und anderen Aufwuchs hilft ein Tauchbad in einem Haushaltsbleichmittel. Tauchzeit unverdünnt 10–30 Minuten. Hinterher gründlich spülen und überbürsten. Die eingebetteten Farbschichten bleiben erhalten und werden erstaunlich gut sichtbar gemacht. – Aber Vorsicht, das Bleichmittel löst jeglichen organischen Aufwuchs – auch das Periostrakum! Bei empfindlicher Haut ggf. Handschuhe tragen, Kleidung – und die Augen! – vor Spritzern schützen.
Sparsames Überreiben mit Paraffinöl bringt blasse Farben wieder hervor.

Einrichten einer Sammlung und Benennen der Funde

Von leeren Pralinenschachteln bis zu gefächerten Sortimentskästen aus Kunststoff gibt es viele Möglichkeiten, eine Sammlung unterzubringen.
Wichtig ist eine sorgfältige Beschriftung (Zettelbeilage): Name, Fundort, Datum usw. – um auch später darauf zurückgreifen zu können.
Man sollte sich daran gewöhnen, immer auch gleich den wissenschaftlichen Namen dazuzuschreiben. Die volkstümlichen Namen genügen nur im engsten Kreis, um eine Art zu kennzeichnen. Gelegentlich werden sie von verschiedenen Leuten auch für verschiedene Arten gebraucht. Und selbstverständlich verwendet man in anderen Ländern andere Namen für dasselbe Tier. Um diesen Verständigungsschwierigkeiten zu entgehen, hat

In schönen alten oder auch modernen Glasgefäßen lassen sich die aus dem Urlaub mitgebrachten Gehäuse dekorativ aufbewahren.

es sich eingebürgert, jeder Art einen lateinischen Doppelnamen zu geben, der weltweit verstanden wird und Missverständnisse ausschließt (mehr dazu in dem im gleichen Verlag erschienenen Buch »Gert Lindner, Muscheln und Schnecken der Weltmeere«). Ähnliche Arten(gruppen) werden in Familien zusammengefasst. Der Familienname wird in diesem Buch stets am Beginn der ersten Artbeschreibung genannt.

Souvenirs aus dem Meer

Es ist nur eine Frage unseres ästhetischen Empfindens, um für die mitgebrachten Schätze zu Hause einen angemessenen Platz zu finden. Große Einzelstücke lassen sich leicht ins Bücherbord oder auf die Fensterbank legen. Kleinere ziehen schon auf einem weißen Porzellanteller den Blick auf sich. Kinder kleben ihre Gehäuse auf schwarzen oder weißen Karton. Vater fügt aus weiß lackierten Leisten einen Rahmen zusammen und befestigt daran den Boden und eine deckende Glasscheibe. Künstlerisch Ambitionierte komponieren in einem solchen Rah-

Käufliche Insektenkästen gibt es in verschiedenen Größen.

Kinder lernen beim unbeschwerten Spielen mit den zusammengetragenen Gehäusen auch Farb- und Formunterschiede zu sehen, zu bewerten, in eigene Ordnungszusammenhänge einzubringen und vieles mehr.

men reizvolle Collagen aus vielen gleichformigen Gehäusen oder Klappen. Der Weg zum künstlerischen Gestalten ist nicht weit, erfordert Kreativität und viel Material.

Auch hübsche Ketten lassen sich aus Muschelfunden herstellen. Die mit einem Drillbohrer oder schon von einer Raubschnecke kreisrund angebohrten Klappen fädelt man auf einen Perlonfaden. Da dabei die flachen Klappen eng zusammenliegen, empfiehlt es sich, jeweils eine Distanzperle dazwischenzusetzen. Es lohnt sich, die Oberflächen zuvor mit Nagellack zu überstreichen, damit die Farben stärker hervortreten. Unbehandelt sehen die Schalen ziemlich bleich und stumpf aus.

Die Strandfunde einer Skandinavienreise inspirierten zu dieser Collage.

Gewöhnliche Napfschnecke
Patella vulgata
(Foto oben)

Sitzspuren der Gewöhnlichen Napfschnecke auf hartem Kalk (Normandie)

Familie: Napfschnecken (Patellidae). **Merkmale:** Gehäuse bis 60 mm lang, napf- oder kappenförmig, dickschalig. Oberfläche mit kräftigen Radialrippen und schwächeren Zwischenrippen. Apex etwa in der Mitte. Farbe: Dunkeloliv, braungrün, mit dunklen Flecken. Innenseite glänzend, mit einem hufeisenförmigen Haftmuskeleindruck. **Lebensweise:** Die Tiere bewohnen die Gezeitenzone felsiger Küsten, haften tagsüber fest an Steinen und weiden nachts, im Kreise immer wieder zum alten Sitzplatz zurückkehrend, die Algenfelder ab. Tiefer sitzende haben niedrigere Gehäuse, während höher und im Gezeitenablauf auch trockener sitzende Tiere höhere Gehäuse aufweisen (größerer Speicherraum für Atemwasser, um die Versorgungspausen zu überstehen). Das Festhaften am Stein bewirkt ihr breiter Saugfuß (Saugleistung bis 15 kg). **Verbreitung:** Kanalküste, europäische Atlantikküsten bis Südportugal.

Lissabon-Napfschnecke
Patella ulyssiponensis
(Foto Mitte links)

Merkmale: Gehäuse bis etwa 70 mm lang, feiner und schärfer gerippt, auch flacher und im Umriss länglicher. Farbe: an den französischen Küsten weiß (Form *athletica*), südlicher mit schwarzbraunen Strahlen. Innen porzellanig weiß, auch gelblich und mit einem gelben oder orangen Zentralfleck. **Lebensweise:** In Gezeitentümpeln. Sonst wie *Patella vulgata*. **Verbreitung:** Von der Normandie bis Portugal.

Flache Napfschnecke
Patella intermedia
(Foto Mitte rechts)

Merkmale: Gehäuse bis 50 mm lang, niedergedrückt. Leicht zu erkennen an der lebhaft gefärbten Innenseite: Zentralfleck gelb, orange, braun; braunes Strahlenband am Gehäuserand. **Lebensweise:** Wie oben. **Verbreitung:** Bretagne, von der Westküste Englands bis Südportugal.

Blaue Napfschnecke
Patella caerulea
(Foto unten links)

Merkmale: Gehäuse bis 60 mm lang, sehr flach, mit kräftigen Radialrippen und schwächeren Zwischenrippen. Innen bläulich irisierend, auch gelblich gefleckt. **Lebensweise:** Wie oben. **Verbreitung:** Lebt nur im Mittelmeer.

Häubchenschnecke
Helcion pellucidus
(Foto unten rechts)

Merkmale: Gehäuse bis etwa 20 mm lang, durchscheinend, glatt, mit konzentrischen Zuwachsringen. Farbe: grünlichgelb bis hornfarben, oft mit blauen Radiallinien. Apex nahe dem Vorderrand. **Lebensweise:** Lebt auf Braunalgen (Laminarien). **Verbreitung:** Wie *Patella intermedia*. In der Deutschen Bucht nur bei Helgoland. Dort geschützt!

Knotiges Meerohr

Haliotis tuberculata

(Foto oben)

kleinere und stärker gefaltete Form *lamellosa* aus dem Mittelmeer

Familie: Meerohren (Haliotidae). **Merkmale:** Gehäuse bis etwa 130 mm lang, im Mittelmeer (Form *lamellosa*) zwischen 30 und 50 mm (vgl. Randspalte), ohrförmig, mit niedrigem Gewinde und einem weit ausladenden letzten Umgang. Dieser hat eine periphere Lochkante, deren Löcher aber nur auf dem jüngeren Teil offen bleiben. Aus den vorderen Löchern treten beim lebenden Tier tentakelartige Fortsätze aus, die offensichtlich Sinnesfunktion haben. Durch die hinteren Löcher wird das verbrauchte Atemwasser ausgestrudelt. Oberfläche feinfädig gerippt, mit entfernt liegenden, grob aufgeworfenen Spiralfalten. Farbe: dunkelbraun, grün und rot marmoriert. Innen perlmuttrig. **Lebensweise:** Unterhalb der Gezeitengrenze, in Tiefen bis 30 m, die Mittelmeerform im seichteren Wasser, zwischen 1 und 15 m. Das Tier haftet mit seinem starken Saugfuß fest an Steinen. **Verbreitung:** Von den Kanalinseln südwärts bis Portugal, Mittelmeer *(lamellosa)*. **Bemerkung:** Das Fleisch ist essbar. Fischer bieten gelegentlich leere Gehäuse zum Kauf an.

Italienische Schlüssellochschnecke

Diodora italica

(Foto unten links)

Familie: Schlüssellochschnecken (Fissurellidae). **Merkmale:** Gehäuse zwischen 30 und 50 mm lang, mit knotiger Gitterskulptur und einer lochartigen Analöffnung an der Spitze. Farbe: Weiß, oft mit von der Spitze ausgehenden dunklen Strahlen. Das etwas vor der Mitte befindliche Loch ist innseitig mit einer hinten abgestutzten Kallusschwiele umgeben. Innen porzellanig, fein gekerbter Gehäuserand. **Lebensweise:** Untere Gezeitenzone und tiefer. Die Tiere sitzen tagsüber versteckt und weiden nachts die mit Algen überwachsenen Steine ab. **Verbreitung:** Nur im Mittelmeer.

Griechische Schlüssellochschnecke

Diodora graeca

(Foto Mitte rechts)

Merkmale: Gehäuse etwa 25 mm lang, mit starker, knotiger Gitterskulptur aus stärkeren radiären und schwächeren konzentrischen Rippen. Farbe: braun, oft heller, manchmal mit dunklen Streifen und Flecken. Das Loch liegt vor der Mitte. Innerer Gehäuserand fein gekerbt. **Lebensweise:** An felsigen Küsten unter Steinen. Gezeitenbereich. In der Nähe von Schwammansiedlungen. **Verbreitung:** Außer im Mittelmeer auch an der französischen Westküste und Bretagne.

Emarginula

Emarginula huzardii

(Foto unten rechts)

Merkmale: Gewöhnlich zwischen 8 und 10 mm lang, mit einem vorderen Randschlitz (Analöffnung). Apex nach hinten geneigt. Farbe: weiß; Oberfläche gegittert. **Lebensweise:** Regelmäßig auf Hartböden, besonders unter Steinen, in geringer Tiefe. **Verbeitung:** Mittelmeer.

Bunte Kreiselschnecke

Calliostoma zizyphinum

(Foto oben)

Familie: Spitzkreiselschnecken (Trochidae). **Merkmale:** Gehäuse an der Basis 25–30 mm im Durchmesser, ungefähr gleich hoch wie breit. Im Umriss kegelförmig, geradseitig. Unterseite abgeflacht, an der Basiskante gewinkelt. Ungenabelt. Mündung schräg, gerundet-viereckig; innen perlmuttrig. Scharfer Mündungsrand. Umgänge mit feinen, flachen Spiralleisten und einem dickeren Reifen über der Naht, dort stark vorspringend. Farbe: weißlich, mit rötlichbraunem Überflug und regelmäßigen rötlichen Flecken. An der Unterseite heller, mit gleichmäßigen Spiralfurchen. **Lebensweise:** Die Tiere leben auf Sand- und durch Organismenbestände verfestigten (sekundären) Hartböden, meist unter 10 m (bis 300 m Tiefe). Soweit bekannt, ernähren sie sich von feinen Schwebe- und Sinkstoffen (Detritus) und Algen, indem sie diese während des Weiterkriechens mit ihrer Radula vom Grund abschaben. Fischer haben sie oft in ihren Schleppnetzen. **Verbreitung:** In dieser Form nur im Mittelmeer.

Konische Kreiselschnecke

Calliostoma conuloide

(Foto unten)

Gekörnte Kreiselschnecke

Merkmale: Unterschiede zur Mittelmeerart (oben) bestehen in Größe, Skulptur, Verbreitung und Lebensweise. Die Gehäuse sind mit weniger als 25 mm Höhe und Breite kleiner. Weniger und gröbere Spiralreifen. Farbe der Gehäuse aus dem Flachwasser: bläulichgrau, mit violettrötlichen Flecken; aus größerer Tiefe pinkrosa, bleicher bis komplett weiß. **Lebensweise:** Im unteren Gezeitenbereich und tiefer. In der Bretagne findet man sie bei Hohlebbe an den Unterseiten überhängender, mit Schwämmen, Seescheiden und Hydrozoen besetzter Felsen, woraus zu schließen ist, dass sie sich von solchem Aufwuchs ernähren. **Vorkommen:** An den europäischen Atlantikküsten von Norwegen bis zu den Kanarischen Inseln. Nicht im Mittelmeer. Vor 1894 wurden sie vor Helgoland in großen Mengen in den Hummerkörben der Hummerfischerei gefunden. Heute sind sie in der Deutschen Bucht so selten geworden, dass sie nach der Deutschen Bundesartenschutzverordnung dort der Natur nicht mehr entnommen werden dürfen. In der Bretagne sind sie verbreitet. **Bemerkung:** Man ist sich nicht einig darüber, ob es sich um eine Unterart oder Form der oben vorgestellten *C. zizyphinum* oder um eine eigene Art handelt. Im Mittelmeer wie im europäischen Atlantik von den Shetlands südwärts und im Ärmelkanal (nicht in der Nordsee) gibt es auch eine dünnschaligere, Gekörnte Kreiselschnecke *(Calliostoma granulatum)* genannte Art mit fein granulierten Spiralreifen (s. Randspalte).

Zauberbuckelschnecke

Gibbula magus

(Foto oben)

In den Buchten westlich des Mont St. Michel ist der Zauberbuckel häufig.

Familie: Spitzkreiselschnecken (Trochidae). **Merkmale:** Gehäuse bis 28 mm im Durchmesser und 25 mm hoch, treppenförmig, niedergedrückt. Oberfläche rau, mit unregelmäßigen, groben Spiralleisten. Auf den Umgängen oft axial verlaufende Knoten. Basis flach, mit einer dickeren Spiralleiste an der Kante. Spitze klein. Naht deutlich. Nabel groß und trichterförmig. Mündung schief, am Innenrand verdickt. Innen perlmuttrig. Farbe: variabel; Grundfarbe weißlich, darüber rote, schräglaufende Flammenlinien. **Lebensweise:** Im Gezeitenbereich, aber auch tiefer, in *Zostera*-Seegraswiesen, meist im Sand eingegraben. **Vorkommen:** Von der Kanalküste (Bretagne) bis ins Mittelmeer.

Aschgraue Buckelschnecke

Gibbula cineraria

(Foto Mitte links)

Merkmale: Gehäuse bis 20 mm hoch (meistens kleiner), kegelförmig, mit schwach gewölbten Umgängen und flacher Basis. Seichte Naht, schwache Spiralskulptur, stumpfer Apex. Mündung eckig. Innen perlmuttrig. Nabel etwas eingeengt. **Lebensweise:** Im Gezeitenbereich, auf felsigem Untergrund, von dem das Tier den Algenbelag abweidet. **Verbreitung:** Besonders bei Helgoland häufig. Ansonsten von Norwegen bis ins Mittelmeer.

Genabelte Buckelschnecke

Gibbula umbilicalis

(Foto Mitte rechts)

Nabelung bei *Gibbula umbilicalis* (links) und *G. pennanti* (rechts)

Merkmale: Gehäuse bis 15 mm im Durchmesser und 12 mm hoch, mit stumpfer Spitze. Naht so flach, dass die Umgänge fast unmerklich ineinander übergehen. Feine Spiralleisten. Innen perlmuttrig. Weit und tief genabelt. Farbe: Grundfarbe bläulichweiß, mit violettroten Flammenlinien. **Lebensweise:** Im Gezeitenbereich und tiefer, an Steinen, den Algenteppich abweidend. **Vorkommen:** Bretagne, atlantische Küsten Frankreichs und Englands. Nicht in der Nordsee. **Bemerkung:** Leicht zu verwechseln mit den ähnlich gezeichneten Gehäusen der *Gibbula pennanti* aus dem gleichen Verbreitungsgebiet, die einen geschlossenen oder nur sehr engen Nabel hat (s. Randspalte).

Geflammte Buckelschnecke

Gibbula ardens

(Foto unten links)

Merkmale: Gehäuse 8–16 mm im Durchmesser, treppenförmig, niedergedrückt, weiße Flammen oder Flecken unterhalb der Naht. Innen perlmuttrig. **Lebensweise:** In geringer Tiefe, auf Weichböden, besonders häufig in Seegraswiesen. **Vorkommen:** Mittelmeer.

Weitgenabelte Buckelschnecke

Gibbula umbilicaris

(Foto unten rechts)

Merkmale: Gehäuse 10–25 mm im Durchmesser, niedergedrückt, gerundete Windungen. Weit genabelt. Farbe: rötlich- bis dunkelbraun, oft mit helleren Flecken. **Lebensweise:** Hauptsächlich zwischen Seegras *(Posidonia oceanica)*. **Vorkommen:** Mittelmeer.

Weißliche Buckelschnecke

Gibbula albida

(Foto oben links)

Gibbula adansoni (8–10 mm)

Gibbula adriatica (9–12 mm)

Familie: Spitzkreiselschnecken (Trochidae). **Merkmale:** Gehäuse 10–24 mm im Durchmesser, mit stark erhobenem Gewinde und treppenartigen Umgängen. An der Naht kantig und an den Seiten schräg abgeflacht. Jeder Umgang mit 4 schmalen, durch breitere Zwischenräume getrennten Spiralreifen. Mündung groß, gerundet-viereckig, mit scharfer Außenlippe. Innen perlmuttrig. Basis flach gewölbt, mit 6 gleichmäßig verlaufenden Spiralreifen. Nabel kallös verengt oder ausgefüllt. Farbe variabel: weiß, grau, olivgrün, oft mit braunen Schulterflecken und schräg ablaufenden Flammenbändern. **Lebensweise:** Im küstennahen Wasser, auf Sand, regelmäßig und nicht selten zwischen *Cystosira*-Algen und in Seegraswiesen. **Vorkommen:** Hauptsächlich im östlichen Mittelmeer und mit wenigen Fundstellen entlang der spanisch-katalanischen Küste. Leicht zu verwechseln mit *Gibbula adansoni* und *G. adriatica* (s. Randspalte).

Tempelchen

Gibbula fanulum

(Foto oben rechts)

Merkmale: Gehäuse bis 20 mm im Durchmesser und etwa gleich hoch, kegelförmig getürmt, mit schwach gewölbten, oft auch axial gebuckelten Umgängen, an der Naht überhängend und doppelt gekielt. Basis gewölbt, mit wenigen Spiralreifen. Nabel trichterförmig. Scharfer Mündungsrand. Innen perlmuttrig. Farbe: weißlich, mit rotbraunen Flammen. **Lebensweise:** Im Flachwasser, an Klippen und in Seegraswiesen. **Vorkommen:** Mittelmeer bis Südportugal.

Gespreizte Buckelschnecke

Gibbula divaricata

(Foto unten links)

Gehäuseumriss

Merkmale: Gehäuse bis 20 mm im Durchmesser, leicht gewölbte Umgänge mit eingeschnittener Naht. Letzter Umgang tiefer angesetzt. Innen perlmuttrig. Basis gewölbt, mit zahlreichen Spiralreifen, die etwas breiter sind als bei der nachfolgenden *rarilineata* (Unterscheidungsmerkmal). Nabel eng oder ganz geschlossen. Farbe: weißlichgrün, mit abwärtslaufenden, gebogenen Linien aus karminroten Punktreihen. **Lebensweise:** In geringer Tiefe, regelmäßig und häufig zwischen Algen und unter Steinen. **Vorkommen:** Mittelmeer bis Südportugal.

Spärlichgezeichnete Buckelschnecke

Gibbula rarilineata

(Foto unten rechts)

Merkmale: Gehäuse nur bis 14 mm im Durchmesser, ziemlich abgeflachte Umgänge mit einer scharfen Kante an der Basis. Diese ist flach oder nur leicht gewölbt und hat feinere Spiralreifen. Nabel ebenfalls eng oder geschlossen. Farbe und Zeichnung ähnlich wie bei *divaricata*, jedoch sparsamer gepunktet und weiter auseinanderliegend. **Lebensweise** und **Vorkommen:** Wie *divaricata*.

Gestreifte Turbanschnecke

Osilinus lineatus

(Foto oben)

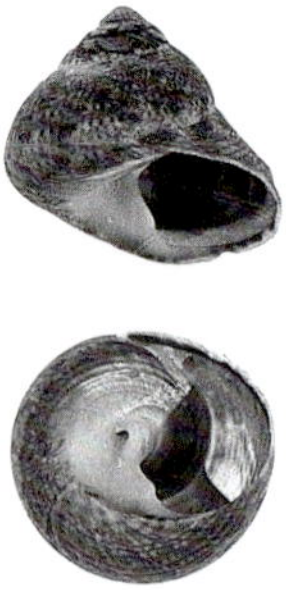

Phorcus mutabilis aus dem Mittelmeer (hauptsächlich Adria und südtürkische Küste)

Familie: Spitzkreiselschnecken (Trochidae). **Merkmale:** Gehäuse bis 25 mm im Durchmesser, im Umriss seitlich abgeflacht, letzter Umgang und Basis gewölbt. Farbe: olivgrün, das ganze Gehäuse über und über mit spiralig verlaufenden Reihen dunkler Pfeilzeichen bedeckt. Apex oft erodiert und dann orangegelb. Basis schwielig, weiß. Ungenabelt. Spindel mit einer flachen, zahnartigen Verdickung. Außenrand der Mündung scharf. Innen perlmuttrig. **Lebensweise:** Im unteren Gezeitenbereich, an Steinen und Klippen an und unter der Wasserlinie. **Vorkommen:** Kanal (Bretagne), englische und französische Atlantikküste bis Portugal. **Bemerkung:** Diese und die beiden anderen auf dieser Seite abgebildeten Arten der Turbanschnecken unterscheiden sich vor allem durch ihre Größe und die rundlichen, sehr dickwandigen Gehäuse. Ihr Lebensraum sind die Steine und Felsen im »Eulitoral«, so nennt man den Gezeitenbereich in seiner gesamten Ausdehnung zwischen höchster Flut und tiefster Ebbe. In diesem Bereich sind Natur und Tierwelt der stärksten Wasserbewegung und dem ständigen Wechsel zwischen Nass- und Trockenperioden ausgesetzt. Daher leben hier auch hauptsäch lich widerstandsfähige Arten mit gutem Haftvermögen (die auch von den stärksten Wasserschlägen nicht von ihren Sitzplätzen losgerissen werden). Eine den Buckelschnecken ähnliche Art ist die im Mittelmeer vorkommende *Phorcus mutabilis* (siehe Abbildung).

Würfelturban

Osilinus turbinatus

(Foto unten links)

Merkmale: Gehäuse bis etwa 30 mm Durchmesser und Höhe, rundlich-kegelförmig, ebenfalls sehr festwandig. Umgänge stark gewölbt, die oberen oft erodiert, die folgenden mit zahlreichen abgerundeten Spiralreifen. Farbe: grau, gelblich oder grünlich, mit schwarzen, quadratisch aufgelösten Spiralreihen. Mündungsrand scharf. Innen perlmuttrig. Ungenabelt. Spindel am unteren Ende mit der typichen zahnartigen Verdickung. Form, Skulptur und Färbung sehr variabel. **Lebensweise:** Unterhalb der Wasserlinie. Regelmäßig und sehr häufig an Steinen und steinigen Hafenbauten. **Vorkommen:** Mittelmeer bis Südportugal.

Gebänderte Turbanschnecke

Osilinus articulatus

(Foto unten rechts)

Merkmale: Gehäuse bis etwa 25 mm Durchmesser. Im Grunde nur durch Farbe und Zeichnung von der vorausgehenden Art unterschieden, am deutlichsten durch die schönen, wechselnd rötlich und weiß aufgelösten Spirallinien. **Lebensweise:** Wie oben. **Vorkommen:** Mittelmeer bis Südportugal.

Roter Runzelstern

Bolma rugosa

(Foto oben)

»Katzenauge«: Kalkdeckel des Roten Runzelsterns

Familie: Kreiselschnecken (Turbinidae). **Merkmale:** Gehäuse bis 60 mm im Durchmesser, kreiselförmig gewunden, sehr festwandig, mit knotigen Spiralreifen, die von starken und oft schuppigen Zuwachsstreifen gekreuzt werden. Unter der Naht eine breite spiralige Reihe rippenartiger Verdickungen. Junge Gehäuse haben an der Windungskante oft perfekte Stachelfortsätze, die an älteren Exemplaren zu stumpfen Höckern erodieren. Ungenabelt. Glatte Spindelschwiele und perlmuttrige Innenseite. Farbe: grau bis rötlichbraun, Spindelschwiele orangerot. Häufig findet man auch die dicken, rückseitig braunen, außenseitig hellen bis orangefarbenen, glatten, »Katzenaugen« genannten Kalkdeckel, mit denen das lebende Tier beim Rückziehen die Gehäusemündung verschließt. **Lebensweise:** Regelmäßig auf felsigem Boden, von den noch mit Seegras bewachsenen Bereichen (Phytalzone) bis in größere Tiefen. **Vorkommen:** Mittelmeer, Südportugal. Gelegentlich werden die Schnecken auch auf Fischmärkten angeboten.

Hühnchen-Fasanenschnecke

Tricolia pullus

(Foto unten links)

Merkmale: Gehäuse bis 8 mm hoch, mit 4 gewölbten Umgängen. Kurzes Gewinde. Oberfläche glatt und glänzend. Mündung rund-oval. Farbe und Zeichnung sehr variabel: weiß, gelblich; spiralige Anordnungen zahlreicher roter Punkte sowie dunkler, oft unterbrochener Flammenbänder. **Lebensweise:** Im Flachwasser. Regelmäßig und häufig in der Algenzone (Laminarien), unter Steinen und auf Sandböden. **Vorkommen:** Hauptsächlich im Mittelmeer, aber auch an der Kanalküste und entlang der französischen Atlantikküste südwärts.

Schöne Fasanenschnecke

Tricolia speciosa

(Foto Mitte rechts)

Merkmale: Gehäuse etwas schlanker und mit bis zu 13 mm Höhe auch größer als die vorherige Art. Längeres Gewinde. Farbe und Zeichnung extrem variabel, mit einem breiten Band roter und weißer Flammenlinien unter der Naht. **Lebensweise:** Ebenfalls zwischen Algen und auf Sandböden, aber seltener. **Vorkommen:** Mittelmeer.

Smaragdgrüne Nixenschnecke

Smaragdia viridis

(Foto unten rechts)

Familie: Schwimmschnecken (Neritidae). **Merkmale:** Gehäuse zwischen 5 und 9 mm lang, glatt, glänzend, queroval und niedergedrückt. Leicht zu erkennen an der smaragdgrünen Farbe. Es gibt aber auch hellere, nach gelb variierende Gehäuse; oft mit dunklen Linien oder unterbrochener dunkler Bänderung. **Lebensweise:** Im Salzwasser (alle anderen europäischen Neritiden gehören zu den Süßwasserschnecken und leben in Flüssen und Seen). **Vorkommen:** Mittelmeer und Südportugal.

Gewöhnliche Strandschnecke

Littorina littorea

(Foto oben)

Mündungsansatz (Pfeil)

Familie: Strand- oder Uferschnecken (Littorinidae). **Merkmale:** Gehäuse bis 30 mm hoch, dickschalig, rundlich-kegelförmig, mit niedrigem Gewinde und großem letzten Umgang. Oberfläche meistens glatt, mit feinen Zuwachsstreifen. Naht scharf, aber nicht sehr tief. Ungenabelt. Farbe: grau oder braun, auch spiral gebändert. Mündung oben spitz gewinkelt. **Lebensweise:** Im Gezeitenbereich, auch im Watt, an Muschelklappen, Steinen, Uferbefestigungen und an Seegras. Das Tier ernährt sich hauptsächlich von Klein- und Kieselalgen, die es vom Untergrund abweidet oder auf seinen Wanderungen im sandigen Schlick aufnimmt. **Vorkommen:** Westliche Ostsee, Nordsee, von Norwegen bis zur nordwestspanischen Küste.

Schwarzgerillte Strandschnecke

Littorina compressa

(Foto Mitte links)

Raue Strandschnecke
Mündungsansatz

Merkmale: Gehäuse je nach Form bis etwa 20 mm hoch, dickschalig, mit deutlich gewölbten und spiralig gerillten Windungen. Feine Zuwachsstreifen. Ungenabelt. Farbe: gelblich, weiß, oft mit dunkleren Spiralrillen *(»nigrolineata«)*. **Lebensweise:** Gleicher Lebensraum wie bei der Gewöhnlichen Strandschnecke. Sie sitzt aber wesentlich höher und trockener. **Vorkommen:** Britische Inseln, Normandie, Bretagne. **Bemerkung:** Es handelt sich hier um eine nahe Verwandte der ebenfalls an den nordeuropäischen Küsten (auch in der Nord- und Ostsee [bis Rügen]) heimischen und mit dieser oft verwechselten Rauen Strandschnecke *(Littorina saxatilis)*, die sich von der Gewöhnlichen Strandschnecke (siehe oben) dadurch unterscheidet, dass der Außenrand der Mündung annähernd rechtwinklig auf den letzten Umgang trifft (s. Randspalte).

Spitze Strandschnecke

Littorina neritoides

(Foto Mitte rechts)

Merkmale: Gehäuse bis etwa 7 mm hoch, glatt, mit kurzem Gewinde und weiter Endwindung. Farbe: bräunlich bis blaugrau. **Lebensweise:** Siedelt wie die vorhergehende Art über der mittleren Hochwasserlinie an Steinen und in feuchten Vertiefungen. **Vorkommen:** Von der Kanalküste südwärts bis ins Mittelmeer.

Stumpfe Strandschnecke

Littorina obtusata

(Foto unten links und rechts [Bretagne])

Merkmale: Gehäuse bis 20 mm Durchmesser, kugelig gewunden, mit sehr flacher Spitze. Farbe: lebhaft orange, gelb, braun. Leicht zu verwechseln mit der gleichfarbigen, kleineren und schlankeren *Littorina fabalis* (Syn.: *L. mariae*) aus dem gleichen Verbreitungsgebiet, die zur Nahrungssuche Sägetang bevorzugt. **Lebensweise:** Lebt vorwiegend auf Knotentang und Blasentang. **Vorkommen:** Ostsee, Nordsee, Kanal, europäische Atlantikküste bis ins Mittelmeer.

Gewöhnliche Turmschnecke
Turritella communis
(Foto oben links)

Familie: Turm- und Schraubenschnecken (Turritellidae). **Merkmale:** Gehäuse bis 60 mm hoch, sehr schlank, mit bis zu 16 gleichmäßig zunehmenden Umgängen. Windungen mit mehreren Spiralleisten und feinen Zuwachsstreifen. Farbe: hell- bis rötlichbraun, manchmal marmoriert. **Lebensweise:** Turmschnecken sind »Strudler«. Sie leben eingegraben im weichen Sediment, mit der Mündung direkt unter der Oberfläche und ernähren sich von organischen Schwebstoffen, indem sie mit Hilfe der Kiemen einen Wasserstrom erzeugen, der ihnen die schwebenden Nahrungspartikel zuführt. **Vorkommen:** Nordsee, europäische Küsten, Mittelmeer.

Gewöhnliche Hornschnecke
Cerithium vulgatum
(Foto oben rechts)

Familie: Hornschnecken (Cerithiidae). **Merkmale:** Gehäuse bis 60 mm lang, spitz-kegelförmig (»hornförmig«). Umgänge mit jeweils einer Reihe stacheliger Knoten. Farbe: grau oder braun, mit unregelmäßigen Fleckenreihen und Bändern. Knoten weiß und braun. Die Mündung endet mit einer etwas abgedrehten Siphonalrinne. **Lebensweise:** Die Tiere leben im Flachwasser, auf festen Sand- und Schlammböden, und ernähren sich hauptsächlich von fein zerriebenen organischen Stoffen (Detritus, Kieselalgen). **Vorkommen:** Mittelmeer und Südportugal.

Felsen-Hornschnecke
Cerithium rupestre
(Foto unten links)

Merkmale: Gehäuse bis 25 mm hoch, etwas bauchig, mit je 2 Spiralreihen schwächerer Knoten auf jedem Umgang. Farbe: weißlichgrau, mit braunen Flecken und Punkten. Knoten weiß. **Lebensweise:** Sehr häufig in sandigen, mit Algen und Seegras bewachsenen Bereichen der Felsküste. Stets in geringer Tiefe. **Vorkommen:** Mittelmeer und Südportugal.

Kleine Gitterschnecke
Bittium reticulatum
(Foto Mitte rechts)

Merkmale: Gehäuse 8–13 mm hoch, sehr schlank. Umgänge mit gekörnten Spiralreifen. Mündung unten gebuchtet. Farbe: dunkelbraun. **Lebensweise:** Lebt in Seegraswiesen und auf Braunalgen und ernährt sich von Kieselalgen und zerriebenen pflanzlichen Stoffen. Sehr häufig. **Vorkommen:** Westliche Ostsee (bis zur Kieler Bucht), Nordsee, Kanal und europäische Atlantikküste, Mittelmeer.

Geschlitzte Wurmschnecke
Tenagodus obtusus
(Foto unten rechts)

Familie: Geschlitzte Wurmschnecken (Siliquariidae). **Merkmale:** Spiraliges Anfangsgewinde, später unregelmäßig und frei. Röhre in ganzer Länge mit einem teilweise offenen oder geschlossenen Schlitz. **Lebensweise:** Unterhalb der Gezeitenzone. Über die Biologie ist wenig bekannt. **Vorkommen:** Mittelmeer bis Westafrika.

Persische Flügelschnecke

Strombus persicus

(Foto oben)

»schrittweise« Fortbewegung (Anfangsphase)

Familie: Flügelschnecken (Strombidae). **Merkmale:** Gehäuse bis etwa 65 mm hoch, doppelkegelförmig, mit einer flügelartig erweiterten Außenlippe. Farbe: weiß, mit hellbraunen Flecken und Bändern. Mündung lang und schmal. Am unteren Ende eine kurze Siphonalrinne. Typisches Kennzeichen aller Flügelschnecken ist eine Falte am unteren Außenlippenrand, durch die das lebende Tier zum Beobachten der Umgebung den Stiel seines rechten Auges hervorsteckt. Flügelschnecken haben keinen Kriechfuß. Ihr Fuß ist quergeteilt und ermöglicht ihnen eine »schrittweise« Fortbewegung, indem sie den hinteren Teil mit dem sichelförmig und spitz endenden Deckel in den Boden stemmen und sich damit Schritt für Schritt vorwärts hebeln (vgl. Grafik). Der vordere Fußteil dient ihnen dabei als Anker. **Lebensweise:** Im Flachwasser, auf Sandböden. Nahrung Kleinalgen und kleinste, zerfallende Pflanzenteile (Detritus). **Vorkommen:** Die eigentliche Heimat der Persischen Flügelschnecke ist der Persische Golf. Von dort dürfte sie durch Öltanker ins Mittelmeer eingeschleppt worden sein. Erste Exemplare tauchten 1983 vor der israelischen und südtürkischen Küste auf. Inzwischen hat sich die Art dort stark verbreitet und ist auch schon vor Zypern und Rhodos festgestellt worden.

Gewöhnlicher Pelikanfuß

Aporrhais pespelecani

(Foto unten links)

Merkmale: Gehäuse gewöhnlich zwischen 30 und 45 mm hoch. 10 Umgänge, mit 1–2 spiraligen Knotenreihen und einer glatten Basisspirale, die in der zunächst verdickten, dann weit ausgebreiteten Außenlippe weiterlaufen (Fingerung) und dieser das Aussehen eines Schwimmvogelfußes geben. Siphonalkanal am Spindelende. Farbe: weiß, gelblich, hellrosa, grau. **Lebensweise:** Auf Sand- und Schlammböden, in mehr als 10 m Tiefe. Die Tiere leben wie die Gewöhnlichen Turmschnecken im Boden eingegraben und strudeln einen Wasserstrom durch die Kiemen, die ihnen als Filtrationsapparat dienen und feine Nahrungspartikel aus dem Wasser zurückhalten. **Vorkommen:** Kattegat, Nordsee, Ärmelkanal, europäische Atlantikküste, Mittelmeer.

Sägeähnlicher Pelikanfuß

Aporrhais serresianus

(Foto unten rechts)

Merkmale: Im Unterschied zum Gewöhnlichen Pelikanfuß feingliedriger, mit 4 verlängerten Fortsätzen an der Außenlippe, von denen der oberste dicht an der Gehäusewand anliegt. Irrtümlich wird auch die lange Siphonalrinne oft für einen Fingerfortsatz gehalten. **Lebensweise:** Tiefer, zwischen 75 und 2000 m. **Vorkommen:** Mittelmeer.

Halsbandnabelschnecke

Euspira catena

(Foto oben)

von Nabelschnecken angebohrte Gehäuse

Familie: Nabelschnecken (Naticidae). **Merkmale:** Gehäuse bis über 45 mm hoch, kugelig, mit nur wenig erhobenem Gewinde. Oberfläche glatt, mit sehr feinen Zuwachsstreifen. Farbe: beige, grauweiß oder graublau. Unter der Naht ein Band schrägstehender, brauner Flecken, von dem sich der Name »Halsbandschnecke« herleitet. Tief und offen genabelt. Mündung halbmondförmig, innen braun. **Lebensweise:** Die auf fleischliche Nahrung eingestellten Tiere graben mit ihrem schwellbaren Fuß im weichen Sand und suchen dort nach Muscheln und Schnecken. Sie bohren ein kreisrundes Loch durch deren Gehäuseschale und fressen den Weichkörper mit ihrem Rüssel durch das Bohrloch aus. Ihr »Bohrorgan« ist im verlängerten Schnauzenteil rund um die Raspelzunge angeordnet. Das Bohren dauert mehrere Stunden, wobei das überfallene Tier mit dem Fuß festgehalten wird. **Verbreitung:** Nicht in der Ostsee. Von der Nordsee entlang der europäischen Atlantikküste bis ins westliche Mittelmeer. An der belgischen und französischen Kanalküste häufig angespült.

Mondschnecke

Neverita josephinia

(Foto Mitte)

Merkmale: Gehäuse bis etwa 35 mm Durchmesser, abgeflacht, mit weiter Endwindung und glatter Oberfläche. Farbe: hellbeige bis gelblichbraun, mit violettem Glanz. Unterseits weiß. Der sehr weite Nabel wird größtenteils mit einem braunen Kallus ausgefüllt. Mündung halbmondförmig, innen dunkelbraun. **Lebensweise:** Räuberisch (wie alle Nabelschnecken). **Vorkommen:** Nur im Mittelmeer. **Bemerkung:** Die Schnecken werden gelegentlich auf Fischmärkten angeboten.

Hebräische Nabelschnecke

Natica hebraea

(Foto unten links)

Merkmale: Gehäuse bis etwa 50 mm Durchmesser, kugelig, mit großer Endwindung. Farbe: weiß oder hellgrau, auf den Oberseiten der Umgänge orangegelb; unregelmäßig braun geflammt und gefleckt. Mündung braunviolett, Spindelbasis weiß. Nabel weit, mit einem dicken Spindelwulst. **Lebensweise:** Räuberisch. Auf Schlammböden, in größerer Tiefe. Nicht häufig. **Vorkommen:** Mittelmeer. **Bemerkung:** Gelegentlich auf Fischmärkten angeboten.

Fliegendreck-Nabelschnecke

Natica stercusmuscarum

(Foto unten rechts)

Merkmale: Gehäuse bis 50 mm Durchmesser, ähnlich dem der Hebräischen Nabelschnecke, aber nicht gefleckt, sondern mit vielen kleinen, rötlichbraunen Punkten gemustert. **Lebensweise:** Wie oben, auf Sand- und Schlammböden, häufiger. **Vorkommen:** Mittelmeer. **Bemerkung:** Gelegentlich auf Fischmärkten angeboten.

Birnenkauri

Zonaria pyrum

(Foto oben)

Blick auf die Mündung

Familie: Porzellan- oder Kaurischnecken (Cypraeidae). **Merkmale:** Gehäuse bis über 30 mm lang, birnenförmig. Die Spitze ist unsichtbar, weil der letzte Umgang alle anderen einschließt. Unterseite mit langer, beidseitig gezähnelter Schlitzmündung. Außenrand schwielig, Außenlippe einwärts gedreht. Farbe: leuchtendes Gelbbraun, auf dem Rücken unregelmäßig braun gefleckt. Seiten, Enden und Unterseite orangerot. Die porzellanige Schmelzschicht der Oberfläche wird von den Mantellappen des Tiers ausgeschieden, die das Gehäuse von beiden Seiten bedecken. **Lebensweise:** Auf steinigen und sandschlammigen Böden. Die Tiere weiden an Korallen und Schwämmen. **Vorkommen:** Mittelmeer und anschließender Atlantik.

Braune Maus

Luria lurida

(Foto Mitte links)

Merkmale: Gehäuse bis über 30 mm lang, fast walzig. Schlitzmündung, beidseitig gezähnelt. Das eingerollte Gewinde ist unter einer Schwiele noch erkennbar. Farbe: Rötlichbraun bis -grau. Enden orangefarben mit je 2 schwarzen Flecken. Unterseite hell, Zähne weißlich. **Lebensweise:** Oft unter Felsen, in der Nähe von Schwammansiedlungen. **Vorkommen:** Mittelmeer und anschließender Atlantik.

Fleckenkauri

Erosaria spurca

(Foto Mitte rechts)

Merkmale: Gehäuse zwischen 20 und 30 mm lang, birnenförmig. Farbe: weißlichgrau, mit braunen Flecken. Über dem verdickten Rand der Außenlippe dunkelbraune Grübchen. Unterseite hellbraun, an den Zähnen heller. **Lebensweise:** Auf sandigen und steinigen Böden. **Vorkommen:** Mittelmeer und anschließender Atlantik.

Achatkauri

Schilderia achatidea

(Foto unten links)

Merkmale: Gehäuse zwischen 30 und 40 mm lang. Farbe: oberseits weißlichgrau, mit hellbrauner Fleckenzeichnung. An den Seiten hellorange. Unterseite weiß, mit sehr feinen Zähnen an der Außenlippe. **Lebensweise:** Zwischen 30 und 80 m Tiefe. **Verbreitung:** Hauptsächlich im westlichen Mittelmeer.

Gerippte Scheidewegschnecke

Trivia monacha

(Foto unten rechts)

Familie: Scheidewegschnecken (Triviidae). **Merkmale:** Gehäuse bis 12 mm lang, meistens kleiner, oberseits gerippt. Farbe: rosa, mit rückenseitig dunklen Punkten. **Lebensweise:** Auf steinigem Grund an der Niedrigwassergrenze und tiefer. Auf Seescheiden (Ascidien). **Verbreitung:** Britische Inseln, Ärmelkanal bis Mittelmeer. **Bemerkung:** Eine ähnliche, Arktische Scheidewegschnecke *(Trivia arctica)* genannte Art ist kleiner und hat keine dunklen Rückenpunkte.

Knotige Helmschnecke

Galeodea echinophora

(Foto oben)

Mündungsansicht

Familie: Helmschnecken (Cassidae). **Merkmale:** Gehäuse bis etwa 90 mm hoch, festwandig, aufgeblasen-bauchig, mit niedrigem Gewinde und 7 gewölbten und schwach geschulterten Umgängen. Der letzte Umgang ist besonders groß und trägt bis zu 5 mehr oder weniger flache, durch feinere Spiralreifen getrennte und mit vereinzelten Knoten verschieden stark besetzte Spiralleisten. Die Leisten sind von Gehäuse zu Gehäuse sehr unterschiedlich ausgeprägt. Auch die Zahl der Knoten variiert. Sie kann an gut ausgebildeten Gehäusen pro Umgang bis zu 20 betragen, oft sind es aber bedeutend weniger. Die Skulptur ist im Gesamtbild sehr variabel. Man findet völlig knotenlose Gehäuse ebenso wie solche mit nur wenigen, schwach ausgebildeten Knotenleisten und solche, die überhaupt nur mit Spiralreifen skulpturiert sind. Diese sind für den ungeübten Blick von den Gehäusen der nachfolgend beschriebenen Gerippten Helmschnecke schwer zu unterscheiden. Unterhalb der letzten Knotenleiste und an der Basis werden die Spiralreifen gröber und gleichmäßiger. Oberfläche matt glänzend. Farbe: weißlich, beige bis schokoladenbraun; Knoten heller; Mündung weiß. Außenlippe scharf, auch leicht verdickt, nach außen erweitert und am Innenrand mit schwachen Zahnfalten. Innenlippe kallös, unten schildartig abgelöst und oben in einer weißen Schwiele endend. Siphonalkanal kurz und schief nach hinten gebogen. **Lebensweise:** Im Flachwasser bis 10 m Tiefe, auf Sandgrund. Die Tiere ernähren sich hauptsächlich von Seeigeln, die sie mit ihrem Rüssel anstechen und aufzehren. **Vorkommen:** Im Mittelmeer und benachbarten Atlantik (Südportugal). **Bemerkung:** Die Art wird besonders an der Adria und in Spanien kommerziell gefischt und auf den Fischmärkten verkauft.

Gerippte Helmschnecke

Galeodea rugosa

(Foto unten)

Merkmale: Gehäuse bis 140 mm hoch, meistens jedoch kleiner, in der Form ähnlich dem der Knotigen Helmschnecke, jedoch durch deutliche Merkmale unterschieden: etwas schlanker; Umgänge nicht geschultert, mit mehr oder weniger gleichmäßig dicken Spiralreifen, die durch breitere Rinnen voneinander getrennt sind. Mündung ähnlich der obigen, aber etwas enger und am Innenrand der Außenlippe deutlicher gezähnelt. Gehäusefarbe: gleichmäßig hellgelblich; Mündung weiß. **Lebensweise:** Im tieferen Wasser (zwischen 70 und 700 m), auf schlammigem Boden. **Vorkommen:** Von den Britischen Inseln bis ins Mittelmeer.

Gewöhnliche Helmschnecke

Semicassis saburon

(Foto oben links)

Merkmale: Gehäuse 40–70 mm hoch, mit kurzer Spitze und kugeliger Endwindung. Gleichmäßig skulpturiert mit feinen, flachen Spiralreifen. Farbe: hellbraun, oft mit bläulichem Anflug. Letzter Umgang mit 5 braungewürfelten Spiralbändern, die am Mundrand mit dunklen Flecken enden. Mündungsbereich weiß. Außenlippenrand verdickt und umgeschlagen, innen gezähnt. Spindelrand mit unregelmäßigen Spiralfalten, nach außen schildartig abgelöst. Siphonalrinne tief eingeschnitten. **Lebensweise:** Räuberisch unter Seeigeln, im Flachwasser, auf allen möglichen Böden. **Vorkommen:** Westliches Mittelmeer und anschließender Atlantik.

Gewellte Helmschnecke

Semicassis undulata

(Foto oben rechts)

Merkmale: Gehäuse bis über 100 mm hoch, festwandig, bauchig. Geschulterte Umgänge, die mit mehr oder weniger breiten, flachwulstigen Spiralleisten skulpturiert sind. Enge Zwischenräume. Farbe: hellbraun; rotbraun geflammt und in Abständen von jeweils 2 Leisten gebändert. Diese Bänderung endet an der Außenlippe in Form dunkelbrauner, quadratischer Flecke. Mündung weiß. Außenlippenrand verdickt, innen kräftig gezähnt. Spindelschild abgelöst, mit vielen kleinen Falten und Warzen. **Lebensweise:** Im Flachwasser, auf Sand- und Schlammboden. Die Tiere ernähren sich von Seeigeln. **Vorkommen:** Westliches Mittelmeer und portugiesische Atlantikküste. **Bemerkung:** Wird auf Fischmärkten angeboten.

Große Fassschnecke

Tonna galea

(Foto unten)

Mündungsansicht

Familie: Tonnenschnecken (Tonnidae). **Merkmale:** Das tonnenförmige und dünnschalige Gehäuse kann bis 250 mm hoch werden, ist aber meistens kleiner. Der letzte Umgang ist besonders groß und mit mehr oder weniger breiten, flachen Spiralleisten skulpturiert. Naht zwischen den Umgängen tief eingeschnitten. Mündungsrand den Leisten entsprechend gewellt. Farbe: weißlich bis gelblichbraun; Apex dunkelbraun. **Lebensweise:** Auf Weich- und Hartböden, in größeren Tiefen. Die Tiere haben einen langen Rüssel und leben räuberisch von Stachelhäutern und anderen kleinen Meerestieren, deren kalkige Gehäuse sie bei gleichzeitiger Lähmung des Opfers durch säurehaltige Speichelabsonderungen anätzen. Der Speichel enthält Asparaginsäure und 2–5%ige Schwefelsäure, vermutlich auch ein Neurotoxin. Damit lähmen sie ihre Beutetiere und zersetzen den Kalkpanzer so, dass er der Radula keinen nennenswerten Widerstand mehr bietet. Das Sekret wird auch zur Verteidigung ausgestoßen. **Vorkommen:** Mittelmeer und anschließender Atlantik.

Knotiges Tritonshorn

Charonia lampas

(Foto oben)

Unterschiedliches Tritonshorn
(bis 18 cm hoch, selten, östliches Mittelmeer)

Familie: Tritonshörner (Ranellidae). **Merkmale:** Gehäuse zwischen 115 und 250 mm hoch und höher, festwandig, spindelförmig, mit bauchiger Endwindung und einem wohlausgebildeten Siphonalkanal. Kräftige Spiralskulptur, knotig, mit einer Varix am letzten Umgang. Olivgrünes Periostrakum, das jedoch den Turbulenzen im Lebensraum der Schnecke nicht immer standhält, sich teilweise ablöst und sich an trockenen Gehäusen leicht abreiben lässt. Gehäusefarbe: weiß, in den Vertiefungen der Skulptur gelblich; Knoten weiß, dazwischen braun gefleckt. Mündung weiß, Außenlippe innen braun gezähnt. Spindel ebenfalls weiß, mit einem braunen Endfleck und zahlreichen Falten. **Lebensweise:** Im Gezeitenbereich, auf Sand- und Steingrund. Die Tiere leben räuberisch, mit Vorliebe von Seesternen. **Vorkommen:** Von den Azoren und Kanarischen Inseln ostwärts bis ins Mittelmeer. Ein nördliches Vorkommen im Ärmelkanal. **Bemerkung:** Triton galt den alten Griechen als Meerdämon mit Fischunterleib und als muschelblasender Begleiter der ebenfalls meerbewohnenden Nereustöchter (Nereiden). Als Horn, das er bläst, wird in der Regel das ebenfalls im Mittelmeer heimische Unterschiedliche Tritonshorn *(Charonia tritonis variegata)*, eine Unterart der aus der Südsee bekannten Trompetenschnecke *(Charonia tritonis tritonis)* abgebildet. Aber auch das Knotige Tritonshorn wurde schon von den alten Römern unter dem Namen »buccina« als Kriegstrompete benutzt. Es ist den Fischern im Mittelmeer noch als Signalhorn bekannt. Sie bohrten ein Loch in die Spitze, wonach das Gehäuse beim Blasen einen dumpfen, weithin hörbaren Ton erzeugt, der »wie der Schrei eines Esels« klingt.

Großes Argushorn (»Ölkrug«)

Ranella olearius

(Foto unten)

Merkmale: Gehäuse bis 200 mm hoch, meistens kleiner, mit 8 und mehr konvexen Umgängen, die regelmäßig an Umfang zunehmen und jeweils bis zu 5 scharf gekielte und durch feinere Spiralreifen voneinander getrennte Spiralleisten tragen. Scharfe Knoten auf den Leistenrücken. Jeder Umgang mit 2 einander seitlich gegenüber liegenden Varicis. Farbe: gelblichweiß mit dunkelbraunen Flecken. Mündung weiß. Außenlippenrand flach (mit Varix), innen gezähnt. Spindelrand mit Falten. Langer, etwas nach hinten gebogener Siphonalkanal. **Lebensweise:** Unterhalb der Gezeitengrenze, auf sandigem Boden. Nahrung: Seeigel, Seesterne. **Vorkommen:** Mittelmeer und portugiesische Atlantikküste, vereinzelt auch im Ärmelkanal (tiefer).

Bedecktes Tritonshorn

Cabestana cutacea

(Foto oben)

Merkmale: Gehäuse bis etwa 90 mm hoch, dickschalig, mit kurzem Gewinde. Umgänge treppenförmig, mit jeweils einer breiten Rampe unter der Naht und breiten Spiralleisten mit derben Rippenknoten, wodurch die Leisten ein welliges Aussehen bekommen. Feinere Spiralfäden in den Zwischenräumen. Auf jedem Umgang eine dicke Varix auf der dem jeweils ursprünglichen Außenrand der Mündung gegenüberliegenden Seite. Farbe: helles Gelbbraun, am frischen Gehäuse jedoch unter einem samtartigen Periostrakum verborgen. Mündungsbereich weiß. Außenlippenrand flach (Varix), mit innseitig derben Zahnfalten. Der umgeschlagene Spindelkallus erlaubt den Blick auf eine tiefe Nabelhöhle. Siphonalkanal eng und mäßig nach hinten gebogen. **Lebensweise:** Auf steinigem Sandgrund zwischen 10 und 60 m Tiefe. **Vorkommen:** Von den Azoren und Kanarischen Inseln bis ins westliche Mittelmeer.

Behaartes Tritonshorn

Cymatium parthenopeum

(Foto unten links)

Merkmale: Gehäuse bis über 100 mm hoch, derbschalig, mit großer Endwindung. Knotige Spiralleisten mit breiten Zwischenräumen. Dem Mündungsrand gegenüber eine Varix. Farbe: hellbraun, auf den Knoten weiß. Verborgen unter einem haarigen Periostrakum, das sich jedoch leicht abreiben und am Gehäuse nur schwer erhalten lässt. Mündungsaußenrand innen weiß gezähnt, in den Zwischenräumen braun gefleckt. Ebenso spindelseitig mit braunen Flecken zwischen den vielen Spindelfalten. Kurzer Siphonalkanal, leicht nach hinten gebogen. **Lebensweise:** Auf allen Böden zwischen 10 und 30 m Tiefe, möglicherweise auch tiefer. **Vorkommen:** Westliches Mittelmeer und Portugiesische Atlantikküste. **Bemerkung:** Das Behaarte Tritonshorn ist eine kosmopolitische Art, die durch ihr spezifisches Larvendasein (mit dem Plankton auf dem Meer treibend) weltweit verbreitet ist und in zahlreichen Formen gefunden wird.

Runzeliges Tritonshorn

Cymatium corrugatum

(Foto unten rechts)

Merkmale: Gehäuse zwischen 70 und 90 mm hoch, derbschalig. Schlanker als das Behaarte Tritonshorn, mit zahlreichen dicken Spiralleisten, von denen je zwei auf jeder Windung mit Knoten besetzt sind. Auf jedem Umgang eine Varix. Farbe: hell weißlich; bedeckt mit einem goldbraunen, samtartigen Periostrakum. Mündungsaußenrand verdickt, innen grob und scharf gezähnt und mit jeweils einem rötlichbraunen Fleck an jedem Zahnanfang. Spindelrand mit Falten. **Lebensweise:** Wie oben. **Verbreitung:** Mittelmeer und portugiesische Atlantikküste.

Brandhorn oder Herkuleskeule

Bolinus brandaris

(Foto oben)

Knotenform

Familie: Stachel- oder Purpurschnecken (Muricidae). **Merkmale:** Gehäuse bis 100 mm hoch, keulenförmig. Obere Umgänge mit Schulterkante, Endwindung groß und zweikantig. Zahlreiche dicht liegende Spiralfäden, die den Außenrand der Mündung überformen. An den Windungskanten lange Stachelfalten oder stumpfe Stachelknoten (Knotenform). Extrem langer, gerader Siphonalkanal, der nur am Ende leicht zurückgebogen ist. Auch der Kanal kann vereinzelt kurze Stacheln tragen. Farbe: schmutziggrau, gelb oder gelblichbraun. Mündung orangegelb. Das Tier hat wie auch die nachfolgenden Arten eine »Purpurdrüse« (siehe unten) und diente in alter Zeit zur Purpurgewinnung. **Lebensweise:** Im Gezeitenbereich, auf sandig-schlammigem Grund und an verschmutzten Stellen. Die Tiere ernähren sich von Aas und lebenden Muscheln. **Vorkommen:** Mittelmeer und anschließender Atlantik (Algarve).

Purpurschnecke

Hexaplex trunculus

(Foto unten)

Stachelform

Knotenform

Merkmale: Gehäuse zwischen 40 und 80 mm hoch, dickschalig, mit treppenartig abgesetzten Umgängen. Feine Spiralskulptur. An den Windungsschultern spitze Stachelfalten oder Höcker als Überbleibsel früherer Mündungsränder (Varicis). Farbe: Weißlich, hellgrau, hell- oder dunkelbraun, am letzten Umgang mit bis zu 3 dunkelbraunen Bändern, die auch an der Innenseite der Mündung erkennbar sind. Überformter Rand der Außenlippe. Spindel glatt, um den Nabel herum begrenzt von überlappenden Lamellen. Siphonalkanal kurz und nach hinten gebogen. Tier mit Purpurdrüse. **Lebensweise:** Aasfresser. Im Gezeitenbereich, auf allen Hartböden. **Vorkommen:** Mittelmeer und anschließender Atlantik, Biskaya als Nordgrenze. **Bemerkung:** »Murex« nannte man im alten Rom die stachelhäusigen Purpurschnecken. Eine Drüse in der Mantelhöhle des Tiers scheidet ein wasserhelles Sekret aus, das im Sonnenlicht und an der Luft erst eine gelbgrüne, danach eine rotviolette Farbe annimmt. Wegen seiner Farbechtheit wurde dieser Schneckenpurpur (schon 1600 v. Chr. auf Kreta bekannt) bis ins Mittelalter zum Färben kostbarer Stoffe und Gewänder (königlicher und priesterlicher Roben) verwendet. Dazu wurden riesige Mengen an Schnecken benötigt. Die damals weggeworfenen Gehäuse bilden noch heute in den Ruinenstädten des römischen Imperiums große Trümmerhaufen (z. B. den »Monte testaceo« in Rom). Heute werden die Tiere mit toten Fischen und Krebsen geködert und auf Fischmärkten zu Speisezwecken angeboten.

Stachelige Steinschnecke

Ocenebra erinaceus

(Foto oben links)

Mittelmeerform

Merkmale: Gehäuse zwischen 20 und 65 mm hoch, dickschalig, breit-kegelförmig, mit treppenartig geschulterten Umgängen. Schuppiger Schalenaufbau; grob skulpturiert. Dicke Spiralleisten mit Zwischenreifen. Schräg ablaufende, knotige oder stachelfaltige Varicis unterschiedlicher Höhe. In allem sehr variabel. Gehäuse aus dem Mittelmeer haben eine sehr viel ausgeprägtere Skulptur als die aus den nödlichen Bereichen (vgl. Randspalte). Farbe: weiß bis gelblichgrau, oft auch dunkelbraun gestreift. Mündung weiß. Außenlippe mit einer breiten, mehr oder weniger gefalteten Varix. Siphonalkanal kurz und leicht nach hinten gebogen, an jungen Gehäusen offen, an älteren geschlossen. Tier mit Purpurdrüse. **Lebensweise:** Im Gezeitenbereich, häufig in großen Ansammlungen an mit Seepocken und Miesmuscheln besetzten Steinen. Austernschädling. **Vorkommen:** Von den Britischen Inseln bis ins Mittelmeer. Sehr verbreitet an der nordfranzösischen Kanalküste (Bretagne).

Gewöhnliche Stachelschnecke

Muricopsis cristatus

(Foto oben rechts)

Merkmale: Gehäuse 10 bis über 30 mm hoch, spitzkegelförmig. Spiralleisten und schräg abwärtslaufende Varicis mit knotigen und spitzen Stachelfalten an den Kreuzungsstellen. Sehr variabel. Farbe: weißlich, gelblich, bräunlich, auch orange; oft braun gebändert. Mündungsaußenrand innen gezähnelt. Siphonalkanal kurz und offen. Tier mit Purpurdrüse. **Lebensweise:** Im Gezeitenbereich, auf steinigem Grund. **Vorkommen:** Im gesamten Mittelmeer und anschließenden Atlantik. Biskaya als nördliche Verbreitungsgrenze.

Nordische Purpurschnecke

Nucella lapillus

(Fotos unten)

Nordische Purpurschnecke auf ihrem Futterplatz (Seepocken)

Merkmale: Gehäuse zwischen 25 und 35 mm hoch und höher, dickschalig, breit-kegelförmig, mit kurzer, scharf zulaufender Spitze und großer Endwindung. Skulptur und Farbe sehr variabel. Überwiegend flache Spiralreifen, die von unregelmäßigen Wachstumslinien gekreuzt werden. Farbe: weißlich bis gelb oder hellbraun, oft mit dunklen Spiralbändern. Mündung außen weiß, in der Tiefe braun. Außenrand verdickt und innen gezähnelt. Kurze gebogene Siphonalrinne. Tier mit Purpurdrüse (das Sekret wurde noch im 18. Jh. von dänischen Bauern zum Färben ihres Leinenzeugs verwendet). **Lebensweise:** Im Gezeitenbereich, an Felsen. Bohrt mit ihrer Radula Seepocken und Miesmuscheln an. **Vorkommen:** Von Nordnorwegen südwärts. In der Nordsee nur noch vereinzelt bei Helgoland. Dort geschützt (Deutsche Bundesartenschutzverordnung). An der französischen Kanalküste (Bretagne) häufig.

Thomasschnecke

Rapana venosa
(Syn.: *R. thomasiana*)

(Foto oben links)

Thomasschnecke aus dem bulgarischen Ferienort Varna (Schwarzmeerküste)

Merkmale: Gehäuse bis 120 mm hoch, festschalig, mit kurzer Spitze, treppenartig geschulterten Umgängen und großer Endwindung. Dicht liegende, flache Spiralleisten. Knotige Spiralreifen an der Schulterkante und Peripherie. Axiale Zuwachslinien und flach anliegende Varicis in Knotenabständen, besonders auf dem letzten Umgang. Farbe: rötlichbraun, jeweils auf den dickeren Spiralleisten mit unterbrochenen Linien dunkel gefleckt. Große Mündung, weit ausholende Außenlippe. Mündung und Spindel tief orangerot. Kurze Siphonalrinne. Um den Nabel herum überlappende Lamellen. **Lebensweise:** In geringer Tiefe, auf Sand und steinigem Boden. Die Tiere leben räuberisch von Muscheln und Schnecken. **Vorkommen:** Schwarzes Meer, Adria. **Bemerkung:** Die südlich von Hokkaido (Japan) beheimatete Art ist wahrscheinlich in der Nachkriegszeit mit Saataustern ins Schwarze Meer und um 1973 von dort an Schiffsrümpfen angeheftet in die obere Adria eingeschleppt worden. Inzwischen ist sie an den bulgarischen, rumänischen und russischen Küsten zu einer Gefahr für die dortigen Austernzuchten geworden und auch an der ostitalienischen Küste in starker Ausbreitung begriffen.

Rotmund- oder Maulbeerschnecke

Stramonita haemastoma

(Foto oben rechts)

Merkmale: Gehäuse 40–100 mm hoch, dickschalig, schwer, mit großer Endwindung. Mehrere Knotenreihen, die dicksten Knoten an der Schulterkante. Zwischen den Knotenleisten mehrere feine Spiralreifen. Farbe: weißlichgrau, mit braunen Spirallinien. Mündung an den Lippenrändern orange, in der Tiefe heller. Mündungsrand faltig gezähnt. Kurze Siphonalrinne. Tier mit Purpurdrüse (auch das Sekret dieser Art wurde früher zum Purpurfärben verwendet). **Lebensweise:** Im Gezeitenbereich, an Felsen und auf Muschelbänken. **Vorkommen:** Mittelmeer und anschließender Atlantik (Biskaya als Nordgrenze).

Mittelmeerkegel

Conus ventricosus
(Syn.: *C. mediterraneus*)

(Foto unten)

Familie: Kegelschnecken (Conidae). **Merkmale:** Gehäuse bis 60 mm hoch, meistens kleiner. Umgänge leicht gewölbt, sehr kurzes Spitzengewinde. Farbe: auf weißlichem Untergrund braun, olivgrün, auch rötlich gefleckt, meistens mit einer hellen Binde; sehr variabel. Mündung lang und schmal, scharfrandig. Innen dunkel violettbraun, mit hellem Rand. **Lebensweise:** Im Gezeitenbereich, auf bewachsenen Felsen und unter Steinen. Lebt von Borstenwürmern (Polychaeten). **Vorkommen:** Im gesamten Mittelmeer und an der südportugiesischen Küste (Algarve) häufig.

Wellhornschnecke

Buccinum undatum

(Foto oben)

Angriff einer Wellhornschnecke auf eine Herzmuschel: Die Schnecke hat den Vorderteil des Fußes auf die Muschel gesetzt (oben). Nun klemmt sie den Mündungsrand ihres Gehäuses zwischen die Klappen (unten).

Familie: Wellhornschnecken (Buccinidae). **Merkmale:** Gehäuse bis über 100 mm hoch, dickschalig, breit-kegelförmig (»hornförmig«), mit deutlich gewölbten und an Umfang regelmäßig zunehmenden Umgängen. Gitterskulptur aus gröberen Spiralreifen und Zuwachslinien, meistens mit axialen Bogenrippen, daher der Name (lat. »unda« = die Welle). Farbe: weißlich, gelb, hell- oder grünlichbraun; sehr variabel. Mündung weit, mit scharfem, an älteren Gehäusen etwas verdicktem Außenrand. Kurze, gerade Siphonalrinne. Braunes Periostrakum, an angespülten Gehäusen oft in Spuren erhalten. Tier gelblichweiß, mit schwarzen Punkten und Flecken. Oft findet man am Strand die faustgroßen, gelben Ballen aus aneinandergehefteten Eikapseln (im Foto oben rechts). **Lebensweise:** Auf sandigen und steinigen Böden, unterhalb der Niedrigwassergrenze und tiefer. Wellhornschnecken ernähren sich hauptsächlich von Aas und lebenden Muscheln. Aas»geruch« wird mit dem eingestrudelten Atemwasser wahrgenommen. Mit ihren langen Rüsseln, in deren Spitze die Radula sitzt, können die Tiere Fleischstücke bis zu Haselnussgröße aus der Beute herausreißen und als ganze Brocken verschlingen. Muscheln erbeuten sie, indem sie geduldig warten, bis das vom Überfall zunächst überraschte Tier die Klappen wieder öffnet. Dann stoßen sie den scharfen Außenrand der Gehäusemündung in den entstehenden Spalt. Dabei kann es vorkommen, dass größere Muscheln bei kräftigen Versuchen, ihre Klappen erneut zu schließen, den eingeschobenen Gehäuserand zerbrechen. Solche Beschädigungen werden wieder repariert und sind an angespülten Gehäusen oft zu erkennen. **Vorkommen:** Westliche Ostsee, Nordsee, Nordatlantik bis zur Biskaya. Im Mittelmeer werden nur fossile Gehäuse gefunden. **Bemerkung:** Häufig im Beifang der Schollen- und Krabbenkutter.

Große Hornschnecke

Neptunea antiqua

(Foto unten)

Merkmale: Gehäuse bis etwa 200 mm hoch, festschalig, mit gleichmäßig zunehmenden, gewölbten Umgängen. Feine Spiralreifen und Zuwachslinien. Farbe: weißlich bis hell graubraun. Außenrand der Mündung scharf und nach außen erweitert. **Lebensweise:** Im tieferen Wasser. Ernährt sich hauptsächlich von toten Fischen. **Vorkommen:** Kleinere Exemplare in der westlichen Ostsee. Hauptsächlich im nördlichen und mittleren Nordseebereich und im anschließenden Atlantik bis zur Biskaya. **Bemerkung:** Größte Schnecke im Nordseebereich. Oft als Beifang auf den Decks von Trawlern.

Geflecktes Klipphorn
Pisania striata
(Foto oben links)

Merkmale: Gehäuse zwischen 15 und 30 mm hoch, rundlich-spindelförmig, mit nur wenig gewölbten Windungen. Feine Spiralreifen. Farbe: weiß bis olivgrün, mit vielen braunen Streifen. Meistens mit einem hellen Band um die Mitte des letzten Umgangs. Mündung innen braunviolett. Außenlippe verdickt und gezähnelt. Spindel mit schwachen Falten. **Lebensweise:** In der Gezeitenzone, an mit Algen bewachsenen Felsen. **Vorkommen:** Häufig im Mittelmeer und anschließenden Atlantik.

D'Orbignys Klipphorn
Cantharus dorbignyi
(Foto Mitte links)

Merkmale: Gehäuse etwa 20 mm hoch, ebenfalls spindelförmig, mit kräftigen Axialrippen und zahlreichen, etwas schwächeren Spiralreifen. Farbe: dunkelbraun, mit einem weißen Spiralband über der Naht und um die Mitte der Endwindung. Mündungsrand gezähnelt. **Lebensweise** und **Vorkommen:** Wie oben.

Schlichte Täubchenschnecke
Columbella rustica
(Foto oben rechts)

Familie: Täubchenschnecken (Columbellidae). **Merkmale:** Gehäuse zwischen 12 und 25 mm hoch, glatt und nur schwach spiralgestreift. Farbe: weiß, gelb, meistens mit einem dunkelbraunen Fleckenmuster. Mündungsrand gezähnelt und nach innen gebogen. **Lebensweise:** An bewachsenen Felsen und unter Steinen. **Vorkommen:** Im Mittelmeer und anschließenden Atlantik.

Pantoffelschnecke
Crepidula fornicata
(Foto unten)

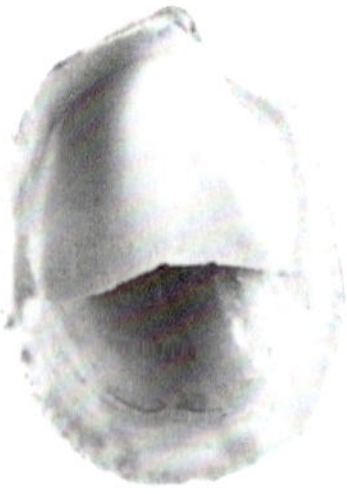

Unterseite: Das Septum dient zum Anheften des Fußmuskels.

Familie: Pantoffelschnecken (Calyptraeidae). **Merkmale:** Gehäuse bis etwa 50 mm lang, mit enorm großer Endwindung. Farbe: weißlich bis grauviolett, mit rötlichbraunen Flecken. Mündung etwa bis zur Hälfte von einer deckelartigen Wand (Septum) unterteilt. Gelbbraunes Periostrakum. **Lebensweise:** Im Gezeitenbereich, festsitzend an Steinen und Muschelklappen, besonders an Miesmuscheln und Austern, diesen die Nahrung wegfilternd (»Austernpest«). Eigenartige Geschlechtsentwicklung: Zunächst entwickeln sich die geschlechtsreifen Tiere zu Männchen. Diese wandern auf bereits festsitzende Weibchen zu, begatten diese und setzen sich anschließend auf deren Gehäuse fest. Danach wandeln sie sich ebenfalls in Weibchen um und erwarten nun wiederum das nächste Männchen. So entstehen lange Paarungsketten (siehe Foto). **Vorkommen:** Häufig in der Nordsee und an den europäischen Atlantikküsten bis zur Biskaya. **Bemerkung:** Die Schnecke wurde um 1890 mit jungen Austern aus den USA nach England eingeschleppt. Frühere Austernkulturen in der Deutschen Bucht sind ihr zum Opfer gefallen.

Netzreusenschnecke

Nassarius reticulatus

(Foto oben links)

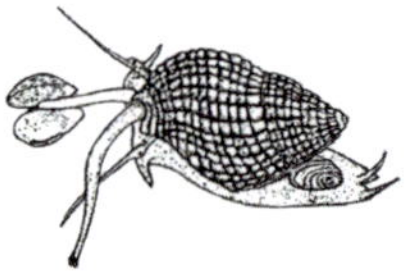

Netzreusenschnecke, aus einer toten Muschel fressend

Familie: Netzreusenschnecken (Nassariidae). **Merkmale:** Gehäuse bis etwa 35 mm hoch, dickschalig. Spiralleisten und axiale Rippen ergeben ein Netzmuster, von dem sich der Name herleitet (lat. »reticulum« = das Netz). Farbe: schmutzig weiß oder braun, mit braunvioletten Binden; sehr variabel. **Lebensweise:** Im Gezeitenbereich, auf Sandboden. Hauptsächlich Aasfresser. Die Tiere haben ein außergewöhnliches Wahrnehmungsvermögen für sich im Wasser ausbreitende Verwesungsgerüche, in Strömungen bis auf 30 m Entfernung. Damit können sie das Aas auch zu mehreren gerichtet aufsuchen (»Straßenfeger des Meeres«). **Vorkommen:** Von Norwegen bis ins Mittelmeer. Westliche Ostsee.

Spanreuse

Nassarius limatus

(Foto oben rechts)

Merkmale: Gehäuse etwa 30 mm hoch, mit dicken Rippen und feinen Spiralreifen. Farbe: elfenbeinweiß bis hell orangebraun, oft nach unten heller. **Lebensweise:** Wie oben, aber tiefer. **Vorkommen:** Mittelmeer.

Wandelbare Reuse

Nassarius mutabilis

(Foto Mitte links)

Merkmale: Gehäuse zwischen 15 und 35 mm hoch, rundlich-aufgeblasen, mit spitzem Apex und eingesenkter Naht. Feine Spiralrillen. Farbe: gelblich bis hellbraun, mit dunklen Flecken unter der Naht. **Lebensweise:** Im ruhigen Flachwasser, auf Sand. **Vorkommen:** Mittelmeer und anschließender Atlantik (Algarve).

Hornfarbene Netzreusenschnecke

Nassarius corniculus

(Foto Mitte rechts)

Merkmale: Gehäuse bis etwa 15 mm hoch, mit schwach gewölbten Umgängen; glatt. Farbe: hornfarben bis braun, oft mit helleren Binden. Mündung innen dunkelbraun, am Rand gezähnelt. **Lebensweise:** Im Flachwasser, oft in großen Kolonien. **Vorkommen:** Mittelmeer und anschließender Atlantik (Algarve).

Pfeiffers Netzreusenschnecke

Nassarius pfeifferi

(Foto unten links)

Merkmale: Gehäuse 10–15 mm hoch, mit stärker gewölbten Umgängen; glatt und glänzend. Farbe: hell, mit dunklen Längs- und Zickzackstriemen. Mündungsbereich weiß. **Lebensweise:** Im Gezeitenbereich, auf felsigem Grund, zwischen Algen. **Vorkommen:** Südportugiesische und marokkanische Atlantikküste.

Dicklippige Netzreusenschnecke

Nassarius incrassatus

(Foto unten rechts)

Merkmale: Gehäuse bis etwa 15 mm hoch, mit dicken Rippen und schwachen Spiralleisten. Farbe: gelblichbraun bis orange, oft dunkel gebändert. Mündungsrand weiß, fast kreisförmig. In der kurzen Siphonalrinne oft ein schwarzer Punkt. **Lebensweise:** Gezeitenbereich, auf sandig-schlammigen Böden, auch unter Steinen. **Vorkommen:** Von Nordnorwegen bis ins Mittelmeer.

Gewöhnliches Spindelhorn

Buccinulum corneum

(Foto oben links)

Familie: Hornschnecken (Buccinidae). **Merkmale:** Gehäuse zwischen 30 und 70 mm hoch, festschalig, mit an Größe gleichmäßig zunehmenden, gewölbten Umgängen. Diese sind unter der Naht stark eingeschnürt und unter einer jeweils schmalen Rampe schulterförmig gekantet. Oberfläche glatt, mit groben Zuwachsstreifen. Gelegentlich an der Basis feine Spiralrillen. Farbe: gelblichweiß, mit braunen, geflammten, auf dem letzten Umgang auch gebänderten Fleckenmustern. Mündung und Spindel porzellanig weiß. Siphonalkanal mäßig lang und nach hinten gebogen. **Lebensweise:** Im Gezeitenbereich, aber auch tiefer. Mit Vorliebe zwischen Algen, auf felsigem oder steinigem Boden. **Vorkommen:** Nur im Mittelmeer.

Tarentinisches Bündelhorn

Fasciolaria lignaria

(Syn.: *F. tarentina*)

(Foto oben rechts)

Familie: Spindelschnecken (Fasciolariidae). **Merkmale:** Gehäuse zwischen 40 und 60 mm hoch, spindelförmig, mit hohem Gewinde und treppenartig geschulterten Umgängen. An den Schultern dicke, nach unten verflachende Rippenknoten. Farbe: bräunlich oder bläulichweiß; Knoten hell. Mündung in der Tiefe braunviolett. Spindel porzellanig glänzend. Mäßig langer Siphonalkanal. Um den Nabel herum einander lappig überdeckende Lamellen (Überbleibsel früherer Kanalenden). **Lebensweise:** Im Flachwasser, tagsüber versteckt unter Steinen, in Höhlungen und Felsritzen. **Vorkommen:** Nur im Mittelmeer.

Syrakusische Spindelschnecke

Fusinus syracusanus

(Foto unten links)

Merkmale: Gehäuse zwischen 40 und 55 mm hoch, spindelförmig, mit hohem Gewinde und stufenförmig geschulterten Umgängen, der letzte auch an der Basis gewinkelt. Kräfige Axialrippen und feinere Spiralreifen. Farbe: gelblich- bis rötlichbraun, mit einem breiten, weißen Band, das die axialen Rippen auf allen Windungen weiß erscheinen lässt. Siphonalkanal mäßig lang und leicht gebogen. **Lebensweise:** Unter der Gezeitengrenze, auf steinigem und sandig-schlammigem Boden. **Vorkommen:** Mittelmeer und Kanarische Inseln.

Geschnäbelte Spindelschnecke

Fusinus rostratus

(Foto unten rechts)

Merkmale: Gehäuse zwischen 35 und 65 mm hoch, mit rundlich gewölbten oder treppenförmig geschulterten Umgängen. Kräftige Axialrippen und mehr oder weniger scharfgratige Spiralreifen, die an den Schulterkanten und über den Rippen scharfe Spitzen bilden. Farbe: gelblichweiß bis hellbraun. Längerer, gerader Siphonalkanal. **Lebensweise:** Wie *F. syracusanus*. **Vorkommen:** Mittelmeer und Kanarische Inseln.

Veilchenschnecke
Janthina janthina
(Foto oben)

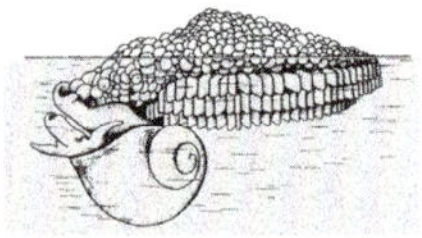

Veilchenschnecke mit Floß, an dessen Unterseite auch zahlreiche Eikapseln hängen

Familie: Veilchen- oder Floßschnecken (Janthinidae). **Merkmale:** Gehäuse 25–30 mm im Durchmesser, dünnschalig, kreiselförmig, mit kurzem Gewinde und langer, gedrehter Spindel. Farbe: oben hell-, unten dunkelviolett. **Lebensweise:** Jedes Tier bildet aus Luftblasen und erhärtendem Schleim ein Schaumfloß, an das es sich mit dem Fuß anhängt (vgl. Grafik). An dieses Floß ist die Schnecke zeitlebens gebunden (das erwachsene Tier kann selbst nicht schwimmen; wird es losgerissen, versinkt es und geht zugrunde). Die Floßschnecken ernähren sich von Segelquallen, auch eigenen Artgenossen und anderen im Plankton treibenden Lebewesen, die sie bei Berührung mit ihrer Radula festhalten, zerschneiden oder bei geringer Größe im Ganzen verschlingen. **Vorkommen:** In allen wärmeren Meeren, pelagisch treibend und an den Küsten oft in großen Schwärmen strandend, so auch an der Algarve und im Mittelmeer.

Gewöhnliche Wendeltreppe
Epitonium clathrus
(Foto Mitte links)

Familie: Wendeltreppen (Epitoniidae). **Merkmale:** Gehäuse bis etwa 40 mm hoch, wendeltreppenartig gewunden, mit stark gewölbten, einander nur wenig berührenden Umgängen. Jede Windung mit bis zu 9 lamellenartig geformten Rippen. Farbe: gelblichweiß, mit rötlichen bis braunen Flecken. Mündung nahezu kreisrund. **Lebensweise:** Ernähren sich räuberisch von Seeanemonen. Ab 15 m Tiefe. **Vorkommen:** Nordsee, europäische Atlantikküsten, Mittelmeer.

Blättrige Wendeltreppe
Gyroscala lamellosa
(Foto Mitte rechts)

Merkmale: Gehäuse 20–40 mm hoch, ähnlich der vorherigen Art, aber mit hohen, scharfgratigen Rippenlamellen. Farbe: bräunlichgrau, Lamellen weiß. **Lebensweise:** Auf Sand und Schlamm, schon in geringer Tiefe. **Vorkommen:** Mittelmeer.

Schöne Wendeltreppe
Epitonium pulchellum
(Foto unten links)

Merkmale: Gehäuse etwa 12 mm hoch, mit stark gewölbten Umgängen. Feine, fadenförmige Lamellen. Oberfläche glänzend. Farbe: porzellanig weiß. **Lebensweise:** Zwischen 20 und 40 m Tiefe. **Vorkommen:** Mittelmeer und anschließender Atlantik.

Krenelierte Wendeltreppe
Opalia crenata
(Foto unten rechts)

Merkmale: Gehäuse bis etwa 20 mm hoch. Windungen etwas abgeflacht, an der Naht kronenartig genoppt. Nur an den oberen Umgängen schwach gerippt. Farbe: weißlich. **Lebensweise:** Im Flachwasser, unter Steinen. **Vorkommen:** Westliches Mittelmeer und anschließender Atlantik.

Arche Noah
Arca noae

(Foto oben)

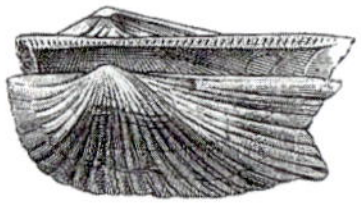

Blick auf den Schlossrand

Familie: Archenmuscheln (Arcidae). **Merkmale:** Gehäuse bis 120 mm lang, kahnförmig, mit einem breiten, ebenen Rückenfeld zwischen den weit vorn gelegenen Wirbeln. Schlossrand lang und gerade, mit sehr vielen gleichartigen Zähnen. Bauchseitig hat das Gehäuse eine Öffnung als Durchlass für den Byssus. Von den Wirbeln radial ausgehende Rippen und konzentrische Zuwachsstreifen. Farbe: gelblichweiß, mit schräg verlaufenden, braunen Fleckenbändern und einer braunen, rhombischen Zeichnung auf der Rückenfläche. Innenseite ebenfalls braun gefleckt. **Lebensweise:** Im Gezeitenbereich, an und zwischen Steinen, mit starken Byssusfäden angeheftet. **Vorkommen:** Mittelmeer und anschließende Atlantikküste.

Gewöhnliche Meermandel
Glycymeris glycymeris

(Foto Mitte links)

Familie: Pastetenmuscheln (Glycymerididae). **Merkmale:** Gehäuse zwischen 40 und 80 mm im Durchmesser, dickschalig, nahezu kreisrund. Konzentrische Zuwachslinien. Schloss mit kurzen, quer zum Schlossrand stehenden Zähnen. Farbe: gelblichweiß bis orangebraun, mit rotbrauner Fleckenzeichnung. Weiches, dunkelbraunes Periostrakum. Innen weiß, oft auch violettbraun gefleckt, in der Mitte matt und am Rand porzellanig glänzend. **Lebensweise:** In geringer Tiefe auf Sand, Schlamm und Geröllboden. **Vorkommen:** Ärmelkanal, europäische Atlantikküste, Mittelmeer.

Echte Samtmuschel
Glycymeris pilosa

(Foto Mitte rechts)

Merkmale: Gehäuse zwischen 40 und 80 mm, mit sehr feiner Oberflächenskulptur. Dickes, pelziges Periostrakum. Farbe: rötlichbraun, mit dunklerer Zeichnung und einem großen, violettbraunen Fleck auf der Innenseite. **Lebensweise:** Wie oben. **Vorkommen:** Mittelmeer und anschließender Atlantik.

Gefleckte Meermandel
Glycymeris bimaculata

(Foto unten links)

Merkmale: Gehäuse zwischen 70 und über 100 mm. Größte und schwerste Pastetenmuschel. Breiter Schlossrand. Sehr feine Radialfäden und Zuwachslinien. Dunkles Periostrakum, oft abgerieben. Farbe: hellbraun, auch mit dunkleren Zonen. Innenseite braunviolett gefleckt. **Lebensweise:** Wie oben. **Vorkommen:** Mittelmeer und anschließender Atlantik.

Violettes Pastetchen
Glycymeris insubrica

(Foto unten rechts)

Merkmale: Gehäuse zwischen 30 und 70 mm, mit schwachen Radialrippen und feinen Zuwachslinien. Dünnes, braunes Periostrakum. Farbe: violettgrau, innen weiß. **Lebensweise:** Wie oben. **Vorkommen:** Mittelmeer und anschließender Atlantik.

Essbare Miesmuschel
Mytilus edulis
(Foto oben)

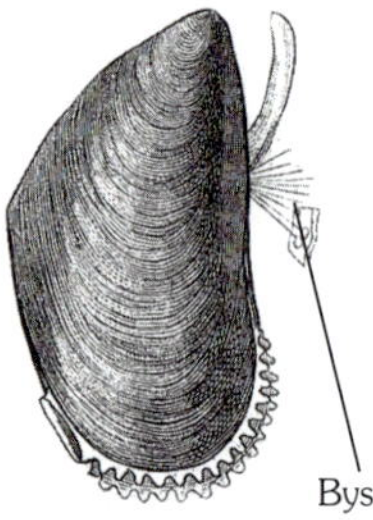

mit Byssusfäden festhaftende Miesmuschel

Familie: Miesmuscheln (Mytilidae). **Merkmale:** Gehäuse bis über 100 mm lang, meistens kürzer, bauchig, vorn zugespitzt, hinten breit abgerundet. Wirbel fast am Vorderende. Schloss mit nur wenigen zahnähnlichen Kerben, echte Zähne fehlen. Farbe: purpurbräunlich, blau bis schwarzblau; junge Gehäuse auch gelblichbraun, mit dunklen, radialen Streifen. Dünnes, braunes Periostrakum. Innen perlmuttrig, weiß und blau. Hinterer Schließmuskeleindruck dunkelblau. **Lebensweise:** Im unteren Gezeitenbereich und Flachwasser, an Felsen und Hartsubstrat, mit Byssusfäden festhaftend und dichte Bänke bildend. Die Miesmuschel hat keine Siphonen; sie filtert ihre Nahrung aus dem freien Wasser. Trockenstände (z. B. bei Ebbe) kann sie mit geschlossenem Gehäuse gut überstehen. **Vorkommen:** In Nord- und Ostsee und an allen europäischen Atlantikküsten vom Eismeer bis Portugal. **Bemerkung:** Miesmuscheln werden in vielen europäischen Ländern gegessen. Sie werden entweder auf natürlichen Bänken gesammelt oder auf geeigneten Kulturplätzen künstlich angesiedelt.

Mittelmeer-Miesmuschel
Mytilus galloprovincialis
(Foto unten links)

Merkmale: Gehäuse ebenfalls zwischen 60 und 100 mm lang, in Form und Farbe ähnlich dem Vorhergehenden, aber mit spitzeren, etwas abwärts gebogenen Wirbeln und einer höher gewinkelten Rückenlinie. **Lebensweise:** Wie oben. **Vorkommen:** Von der Bretagne bis ins Mittelmeer. **Bemerkung:** Wird oft nur als eine Form der obigen Art angesehen.

Bärtige Miesmuschel
Modiolus barbatus
(Foto Mitte rechts)

Merkmale: Gehäuse zwischen 30 und 65 mm lang, hinter dem Wirbel etwas aufgeblasen, mit einem stumpfen Rückenwinkel und gerundetem Hinterrand. Raue, konzentrische Zuwachsstreifen. Braunes Periostrakum. Nach hinten zu bärtig behaart. Schloss ohne Zähne. Farbe: rötlichbraun. Innen perlmuttrig, blaugrau. **Lebensweise:** Gezeitenbereich, mit Byssus angeheftet, auf steinigem Boden. Oft versteckt zwischen Algen und in Felsspalten. **Vorkommen:** Von der Bretagne bis ins Mittelmeer.

Tulpenmuschel
Modiolus adriaticus
(Foto unten rechts)

Merkmale: Gehäuse zwischen 20 und 50 mm lang, dünnschalig, ähnlich der obigen Art, mit glattem Periostrakum. Farbe: hellbraun, mit von den Wirbeln ausgehenden rötlichen Strahlen. Innen blau schillernd. **Lebensweise:** Küstennah, mit Byssus angeheftet. **Vorkommen:** Von der britischen Küste bis ins Mittelmeer.

Gewöhnliche oder »Edle« Steckmuschel

Pinna nobilis

(Foto oben)

Familie: Steckmuscheln (Pinnidae). **Merkmale:** Gehäuse bis etwa 800 mm lang, dünnschalig, vorn spitz, hinten klaffend und halbkreisförmig abgerundet. Junge Gehäuse sind mit hohlen Stacheln besetzt, alte erodiert und nur noch glatt schuppig (vgl. Foto). Farbe: horn- bis rötlichbraun. Innen perlmuttrig und ebenfalls braun oder rötlich. **Lebensweise:** Oft schon in geringer Tiefe, in der Nähe von Seegraswiesen, zwischen Steinen, Schlamm und Geröll, mit der Spitze im Boden steckend (daher der Name). Mit langen Byssusfäden festgehalten. Früher wurden diese Fäden versponnen und zu »Muschelseide« verwebt. **Vorkommen:** Mittelmeer. **Bemerkung:** Geschützt! Die Gehäuse dürfen nach der Deutschen Bundesartenschutzverordnung in Deutschland nicht mehr eingeführt oder gehandelt werden.

Meerdattel

Lithophaga lithophaga

(Foto unten links)

Wer an die Gehäuse kommen will, muss das Geröll zertrümmern oder Felsstücke abschlagen, an denen Wohnröhren zu sehen sind.

Familie: Miesmuscheln (Mytilidae). **Merkmale:** Gehäuse bis über 80 mm lang, dünnschalig, dattelförmig, an beiden Enden abgerundet, mit konzentrischen Zuwachsstreifen und sehr feinen, kurzen Querriefen. Farbe: gelblich- bis dunkelbraun. Innen perlmuttrig, bläulich bis rosa schimmernd. **Lebensweise:** Regelmäßig und sehr häufig an Felsküsten in der Gezeitenzone und tiefer bis zu 100 m. Die Muschel »bohrt« mit Hilfe eines vom Mantelrand ausgeschiedenen säurehaltigen Sekrets glatte Wohnkanäle in harten Kalkstein, die sie dann zeitlebens nicht mehr verlassen kann. Dass sie das Gehäuse dabei nicht dreht (wie das beim mechanischen Bohren der Fall sein müsste), erkennt man daran, dass das dünne Periostrakum erhalten bleibt. Früher meinte man, die Muschel »fresse« sich in den Stein. Daher auch der Name (griech. »lithophaga« = Steinfresser). **Vorkommen:** Mittelmeer und anschließender Atlantik. **Bemerkung:** Gelegentlich auf Fischmärkten.

Perlmuschel

Pinctada radiata

(Foto unten rechts)

Familie: Flügel- oder Perlmuscheln (Pteriidae). **Merkmale:** Gehäuse etwa 50–70 mm groß, fast kreisrund, mit ohrförmigen Verlängerungen des geraden Schlossrandes. Sehr zerbrechlich. Am Rande überstehende Lamellen. Farbe: bräunlichgelb und purpurfarben. Innen stark perlmuttrig, mit einem breiten, hornfarben und violett gezeichneten Rand. **Lebensweise:** Unter der Gezeitengrenze, auf hartem Substrat, mit Byssus festsitzend. **Vorkommen:** Mittelmeer. **Bemerkung:** Eigentlich eine im Roten Meer und Indischen Ozean beheimatete Art, die schon wenige Jahre nach der Eröffnung des Suezkanals ins Mittelmeer eingeschleppt worden ist.

Jakobsmuschel
Pecten jacobaeus

(Foto oben links)

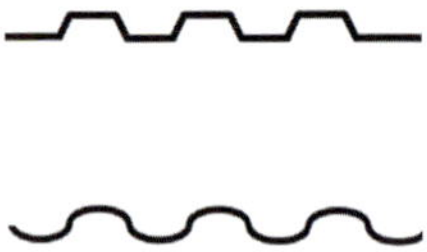

Profile der Klappenränder bei der Jakobsmuschel (oben) und der Großen Pilgermuschel (unten)

Familie: Kammmuscheln (Pectinidae). **Merkmale:** Gehäuse bis etwa 125 mm groß, die rechte Klappe tief gewölbt, die linke flach. Beide Klappen mit »scharfkantigen« Rippenfalten. Farbe der gewölbten Klappe weiß bis rosa, der flachen braunrot. **Lebensweise:** Mit der gewölbten Klappe nach unten so tief im weichen Boden eingegraben, dass die flache Klappe mit der Substratfläche abschließt. **Vorkommen:** Mittelmeer (nicht im Atlantik). **Bemerkung:** Der mittelalterliche Brauch, sich als Zeichen einer Pilgerschaft zum Grab des Apostels Jakobus im nordwestspanischen Santiago de Compostela eine Muschelschale an das Pilgerkleid zu stecken, mag Carl von Linné 1758 bewogen haben, eine Kammmuschelart nach diesem Heiligen zu benennen, wobei er die Mittelmeerart mit der richtigen »Pilgermuschel« (siehe nachfolgend) verwechselt hat.

Große Pilgermuschel
Pecten maximus

(Foto oben rechts)

Merkmale: Gehäuse ebenfalls bis etwa 125 mm groß, ähnlich dem obigen, aber mit »rundlich gewölbten« Radialfalten. **Lebensweise:** Wie oben. **Vorkommen:** An allen europäischen Atlantikküsten (nicht in der Nordsee und nicht im Mittelmeer).

Kleine Pilgermuschel
Aequipecten opercularis

(Foto unten links)

Merkmale: Gehäuse bis etwa 80 mm groß, rechte Klappe etwas weniger gewölbt als die linke. Vorderes »Ohr« der linken Klappe mit einer Einbuchtung als Durchlass für den Byssus. Farbe: weiß bis rötlich, auch gelb und violett; sehr variabel. **Lebensweise:** In der Jugend auf Hartsubstrat festsitzend, später frei. Die Tiere können ruckartig »schwimmen«, indem sie durch Öffnen und Schließen der Klappen das eingeströmte Wasser zwischen den »Ohren« herauspressen. **Vorkommen:** Von Norwegen bis ins Mittelmeer. In der nördlichen Nordsee (Kattegat) und bei Helgoland. **Bemerkung:** In der Bretagne oft auf Fischmärkten.

Glatte Kammmuschel
Chlamys glabra

(Foto Mitte rechts)

Merkmale: Gehäuse bis 70 mm groß, mit flach gewölbten Radialfalten. Konzentrische Zuwachsstreifen. Farbe: weiß, bräunlichgelb, rötlich, violett, oft gesprenkelt. **Lebensweise:** Regelmäßig auf Sand und Stein. **Vorkommen:** Mittelmeer und anschließender Atlantik.

Bunte Kammmuschel
Chlamys varia

(Foto unten rechts)

Merkmale: Gehäuse bis 60 mm groß, etwas höher als breit, mit dicht liegenden, stark beschuppten Radialrippen. Farbe: rötlichorange, dunkelviolett. **Lebensweise:** Mit Byssus angeheftet oder frei. **Vorkommen:** Von Norwegen bis ins Mittelmeer.

Europäische Lazarusklapper oder Stachelauster

Spondylus gaederopus

(Foto oben)

Familie: Klappmuscheln (Spondylidae). **Merkmale:** Gehäuse zwischen 50 und 120 mm lang. Konzentrische Lamellen. Radialrippen mit spitzen, unregelmäßig angeordneten Stacheln. Farbe: oberseits purpurrot; untere Klappe zuweilen weiß, mit weißen Lamellen; sehr variabel. Innenseiten weiß, mit rotem Rand und braunen Schlosszähnen. **Lebensweise:** Im Flachwasser, auf Hartsubstrat, mit Byssus festgeheftet. **Vorkommen:** Hauptsächlich Mittelmeer und östliche Algarveküste

Portugiesische Auster

Crassostrea angulata

(Foto unten links)

Familie: Austern (Ostreidae). **Merkmale:** Gehäuse zwischen 30 und 180 mm lang, mit blättrigen, konzentrischen Zuwachslamellen und bauchseitig gefalteten Rändern. Farbe: gelblichweiß bis braun, mit dunkelvioletten Flecken. Innen weiß, mit braunen Muskeleindrücken. **Lebensweise:** Im Flachwasser, durch Kalkabscheidung fest mit der Unterlage verbunden, Bänke bildend. **Vorkommen:** Ursprünglich vor Portugal und Westspanien; heute auch in anderen Austernstationen (England, Nordfrankreich) zusammen mit der aus Japan importierten und nur schwer unterscheidbaren *Crassostrea gigas* gezüchtet und kommerziell verwertet.

Europäische Auster

Ostrea edulis

(Foto Mitte rechts)

Austernklappe vom Spülsaum der Nordsee (Sylt)

Merkmale: Gehäuse der Speiseaustern zwischen 80 und 100 mm, freilebend bis 250 mm groß, mehr oder weniger rund. Untere (gewölbte) Klappe gerippt und mit konzentrischen Zuwachslamellen, obere (flache) Klappe ohne Rippen und nur konzentrisch lamelliert. Ränder blättrig, dünn und gewellt. Farbe: schmutzig weiß bis bräunlichgrau, hell oder mit dunklen Flecken. **Lebensweise:** Wie *C. angulata*. **Vorkommen:** Auf Austernbänken und in den Austernstationen im europäischen Atlantik und Mittelmeer. **Bemerkung:** Früher waren auch der deutschen Nordseeküste reiche Naturbänke vorgelagert. Diese sind durch Übersammlung, besonders im 18. und 19. Jahrhundert, bis zur Bedeutungslosigkeit reduziert worden und schließlich infolge Versandung und Nahrungskonkurrenz durch Miesmuscheln und Pantoffelschnecken ganz erloschen.

Zwiebelschale, Sattelmuschel

Anomia ephippium

(Foto unten rechts)

Familie: Zwiebel- oder Sattelmuscheln (Anomiidae). **Merkmale:** Gehäuse zwischen 40 und 70 mm groß, unregelmäßig rund, dünnschalig gewellt, der Form des Substrats, auf dem das Tier lebt, angepasst. Rechte Schalenklappe mit einer Öffnung für den Byssusstiel. Farbe: weiß, gelb, rosa. **Lebensweise:** Festsitzend. **Vorkommen:** Bretagne bis Mittelmeer.

Essbare Herzmuschel

Cerastoderma edule

(Foto oben)

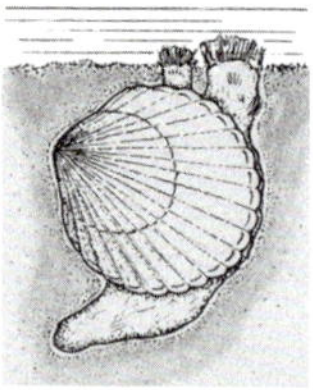

Herzmuschel im Boden

Familie: Herzmuscheln (Cardiidae). **Merkmale:** Gehäuse zwischen 30 und 40 mm hoch, dickschalig, bauchig, in seitlicher Sicht herzförmig, mit hohen Wirbeln und dicht nebeneinander liegenden, verhältnismäßig flachen, durch Schuppen konzentrisch aufgerauten Radialrippen. Farbe: weißlich, gelb, hell- bis dunkelbraun. Innen weiß, am Hinterrand oft violettbraun gefleckt. **Lebensweise:** Flachwasser. Dicht unter der Sedimentoberfläche, in senkrechter Lage und so tief, dass die kurzen Siphonen noch das freie Wasser erreichen (vgl. Grafik). Im Freien befähigt der lange, abgewinkelte Fuß in Fluchtsituationen zur sprungweisen Fortbewegung um mehrere Zentimeter. **Vorkommen:** Ost- und Nordsee und an den europäischen Atlantikküsten. Nicht im Mittelmeer. **Bemerkung:** Häufig auf Fischmärkten.

Mittelmeer-Herzmuschel

Cerastoderma glaucum

(Foto Mitte links)

Merkmale: Gehäuse im Allgemeinen etwas kleiner, weniger festschalig, im Umriss breit-elliptisch. Sehr variabel. Mehr oder weniger kielartig gewinkelte, glatte und oft glänzende Rippen. Zwischen den Rippen breitere Zwischenräume. Farbe: wie oben. **Lebensweise:** Die Art erträgt auch Wasser mit geringerem Salzgehalt. **Vorkommen:** Ost- und Nordsee, von Norwegen bis zur Iberischen Halbinsel. Verbreitet im Mittelmeer. **Bemerkung:** Wird oft mit der obigen Art verwechselt.

Weniggerippte Herzmuschel

Acanthocardia paucicostata

(Foto Mitte rechts)

Merkmale: Gehäuse zwischen 20 und 40 mm groß, ziemlich dünnwandig, mit in der Mitte gekielten und mit dornartigen Warzen besetzten Radialrippen. Zwischenräume quer gerunzelt. Farbe: grau bis rötlich, gebändert. **Lebensweise:** Auf Schlammböden. **Vorkommen:** Von der Kanalküste bis ins Mittelmeer.

Stachelige Herzmuschel

Acanthocardia echinata

(Foto unten links)

Merkmale: Gehäuse zwischen 40 und 80 mm groß, in Abständen radial gerippt. In der Mitte jeder Rippe eine feine Leiste mit kurzen Stacheln. Farbe: weiß, gelblich oder braun. **Lebensweise:** Ab 4 m Tiefe auf sandigem oder schlammigem Boden. **Vorkommen:** Nordsee, Kanal- und Atlantikküste, Mittelmeer. **Bemerkung:** Diese und die nachfolgende Art auch auf Fischmärkten.

Knotige Herzmuschel

Acanthocardia tuberculata

(Foto unten rechts)

Merkmale: In Größe und Form ähnlich der vorigen Art, jedoch mit getrennt stehenden, knotigen Verdickungen. Rippenzwischenräume gerunzelt. Farbe: weiß bis hell- oder dunkelbraun, oft mit dunkelbraunen Bändern. **Lebensweise:** Wie *A. echinata*. **Vorkommen:** Von den Britischen Inseln bis ins Mittelmeer.

Langstachelige Herzmuschel

Acanthocardia aculeata

(Foto oben)

krumme Stacheln am hinteren Gehäuserand

Merkmale: Gehäuse zwischen 40 und über 100 mm groß, verhältnismäßig dünnschalig, aber fest. Schief-herzförmig, im Wirbelbereich etwas aufgeblasen, mit gerundetem Vorder- und ziemlich gerade abfallendem Hinterrand. Hinten klafft das Gehäuse ein wenig. Bis zu 22 gewölbte Radialrippen, jeweils mit einer schmalen Längsfurche, in der in dichten Abständen dornenförmige Stacheln stehen, und zwar hauptsächlich im vorderen und hinteren Gehäuseteil. In Klappenmitte sind die Rippen bis nach unten stachelfrei. Hinten werden die Stacheln länger und krümmen sich hakenförmig. Die Zwischenräume zwischen den Rippen sind schmal und kantig eingedrückt. Konzentrische Zuwachsstreifen. Farbe: weißlich oder hellbraun, zuweilen braungebändert. Innen weiß. Die Rippenstruktur ist auf der Innenseite deutlich sichtbar. **Lebensweise:** Wie alle Herzmuschelarten schon in geringen Tiefen in Sand- und Schlammböden. **Vorkommen:** Hauptsächlich entlang der Iberischen Halbinsel, Südportugal und im Mittelmeer. **Bemerkung:** Wird gelegentlich auf Fischmärkten angeboten.

Dornige oder Engrippige Herzmuschel

Acanthocardia spinosa

(Foto unten)

hinten sind die Stacheln spatelförmig

Merkmale: Gehäuse zwischen 60 und 100 mm groß, von der obigen Art durch den mehr quadratisch-rundlichen Umriss, die dichtere Rippenlage und die vielen kurzen Stacheln gut zu unterscheiden. Der Hinterrand hinter dem Schlossband ist eckig abgesetzt und fällt ziemlich steil und geradlinig nach unten ab. Der Vorderrand ist gerundet und bildet fast einen Viertelkreis. 33 bis 37 gewölbte Radialrippen mit (wie oben) jeweils einer mittleren Längsfurche, in der von der Gehäusemitte an nach hinten dicht an dicht kurze haifischzahnartige Stachelspitzen mit kreisrunder Basis stehen. Am Vorderrand des Gehäuses sind diese Stacheln mehr und mehr spatelförmig verbreitert. Farbe: wie die obige Art weißlich bis hellbraun, mitunter braun gefleckt. Innen weiß mit durchgedrückter Rippenstruktur. **Lebensweise:** Unterhalb der Gezeitengrenze bis über 200 m tief. In Sand-, Schlamm- und Geröllböden. Nicht so verbreitet wie die Langstachelige Herzmuschel. **Vorkommen:** Hauptsächlich im Mittelmeer.

Bunte Trogmuschel, Strahlenkorb, Narrenkappe
Mactra stultorum
(Syn.: *M. corallina, M. cinerea*)
(Foto oben)

Bunte Trogmuschel, Form *cinerea.*

Familie: Trogmuscheln (Mactridae). **Merkmale:** Gehäuse im Allgemeinen zwischen 30 und 60 mm groß, dünnschalig, hart, aber sehr zerbrechlich, stark gewölbt, im Umriss gerundet-dreieckig bis elliptisch. Oberfläche fein konzentrisch gestreift, glatt und glänzend. Dünnes, schmutzig graues Periostrakum, meist nur in Spuren an den Rändern erhalten. Farbe: weißlich bis sandfarben, oft mit einem hell- oder rötlichbraunen Strahlenmuster (daher der Name). Innen weiß, mit violettem Anflug. **Lebensweise:** Die Muschel lebt wie die Essbare Herzmuschel im Sand und so dicht unter der Oberfläche, dass ihre kurzen Siphonen noch das freie Wasser erreichen. Ihr bevorzugter Lebensraum liegt in 10–20 m Wassertiefe. Lebende Tiere und leere Gehäuse werden oft massenhaft angespült. **Vorkommen:** Europäischer Atlantik und Mittelmeer. In der Deutschen Bucht häufig. Nicht in der Ostsee. **Bemerkung:** Gehäuse ohne Strahlenmuster oder mit anderen geringen Abweichungen wurden früher als eigene Arten angesehen (vgl. Randspalte).

Blaugraue Trogmuschel
Mactra glauca
(Foto unten links)

Merkmale: Gehäuse bis 120 mm groß, weniger bauchig, in Farbe und Zeichnung ähnlich der Bunten Trogmuschel. Durch die außergewöhnliche Größe von dieser leicht zu unterscheiden. **Lebensweise:** Wie oben, jedoch bis etwa 50 m tief. **Vorkommen:** Von der nordfranzösischen Kanalküste südwärts bis ins Mittelmeer.

Dickschalige Trogmuschel
Spisula solida
(Foto Mitte rechts)

Merkmale: Gehäuse zwischen 30 und 50 mm groß, sehr dickschalig, oval-dreieckig, mit feinen, unregelmäßigen, konzentrischen Reifen und ausgeprägten Zuwachsringen in größeren Abständen. Dünnes Periostrakum. Farbe: gelblichweiß, oft braun oder schwarzbraun gefleckt. **Lebensweise:** Unter der Niedrigwassergrenze, in Grobsand. Den Angriffen der Nabelschnecken kann sich das Tier entziehen, indem es mit seinem Fuß kurze Sprünge ausführt. **Vorkommen:** Nordsee und europäischer Atlantik. Vorkommen im Mittelmeer zweifelhaft.

Gedrungene Trogmuschel
Spisula subtruncata
(Foto unten rechts)

Merkmale: Gehäuse zwischen 15 und 30 mm groß, weniger dickschalig, im Umriss dreieckig, dickbauchig, konzentrisch gerieft. Fester haftendes Periostrakum. Farbe: weißlich, graugelb bis hell- und dunkelbraun. **Lebensweise:** In feinem und schlickigem Sand. An Stellen mit gutem Nahrungsangebot häufig. Auch diese Muschel kann sich den Angriffen der Raubschnecken durch Sprünge entziehen. **Vorkommen:** Ostsee, Nordsee, europäischer Atlantik, Mittelmeer.

Schotenförmige Scheidenmuschel

Ensis siliqua

(Foto oben links)

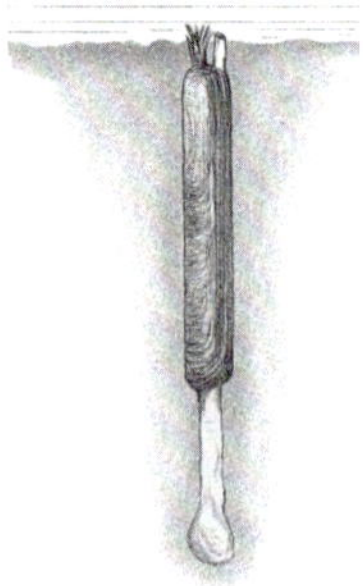

Scheidenmuschel im Boden

Familie: Scheiden- oder Messermuscheln (Solenidae). **Merkmale:** Gehäuse bis 220 mm lang, geradseitig oder kaum merklich gebogen. Beide Enden klaffend, rundlich und schräg abgestutzt. Wirbel nahe am Vorderrand. Oberfläche glänzend, farblich unterteilt durch eine von der vorderen oberen Ecke zur bauchseitig hinteren verlaufende Diagonallinie: weißlich, mit rötlichbraunen, im rückenseitigen Feld mehr oder weniger senkrecht zum Klappenrand stehenden, im bauchseitigen parallel zum Rand verlaufenden Flecken oder Streifen. Innen bläulichweiß. Hornfarbenes Periostrakum. **Lebensweise:** Die Tiere leben in Sand, in senkrechten Röhren und so dicht unter der Oberfläche, dass ihre kurzen Siphonen noch das freie Wasser erreichen (s. Grafik). Bei Störungen können sie mit Hilfe ihres schwellbaren Fusses, mit dem sie sich im Gang festklemmen, in ihrer Röhre auch tiefer hinabziehen. Sie sind sehr empfindlich gegen Schwankungen im Salzgehalt des Wassers und lassen sich bei Ebbe mit einer Prise Salz auf die beiden Atemlöcher im feuchten Boden zum fluchtartigen Aufsteigen bringen. **Vorkommen:** Ärmelkanal und europäischer Atlantik. Mittelmeer.

Amerikanische Scheidenmuschel

Ensis directus

(Foto oben rechts)

Merkmale: Gehäuse bis etwa 170 mm lang, leicht gebogen, aber mit fast parallel verlaufenden Rändern. Farbe: gleichmäßiger, rötlich oder grau. **Lebensweise:** Wie oben. **Vorkommen:** Massenhaft bei St. Peter Ording, auf Amrum, Sylt und an der dänischen Nordseeküste. **Bemerkung:** Die Art wurde um 1978 aus Amerika in die Deutsche Bucht eingeschleppt und hat sich dort mit großer Geschwindigkeit ausgebreitet.

Gerade Scheidenmuschel

Solen marginatus

(Foto unten links)

Merkmale: Gehäuse bis etwa 140 mm lang. Beide Enden wie bei den obigen Arten klaffend. Ober- und Unterrand vollkommen parallel. Farbe: außen gelblich oder hellbraun, innen porzellanig weiß. Helles Periostrakum. **Lebensweise:** Von der Niedrigwasserlinie bis 20 m Tiefe. In Sand. **Vorkommen:** Häufig in der Bretagne und im Mittelmeer. **Bemerkung**. In Mittelmeergegenden gelegentlich auf Fischmärkten.

Taschenmessermuschel

Pharus legumen

(Foto unten rechts)

Familie: Taschenmessermuscheln (Pharidae). **Merkmale:** Gehäuse etwa 90 mm lang, sehr dünnschalig und zerbrechlich, vorn und hinten klaffend und abgerundet. Dünnes Periostrakum. Farbe: weißlich. **Lebensweise:** Gezeitenzone und tiefer, in reinem Sand. **Vorkommen:** Britische Inseln bis Mittelmeer.

Baltische Tellmuschel, Plattmuschel, Rote Bohne

Macoma balthica

(Foto oben)

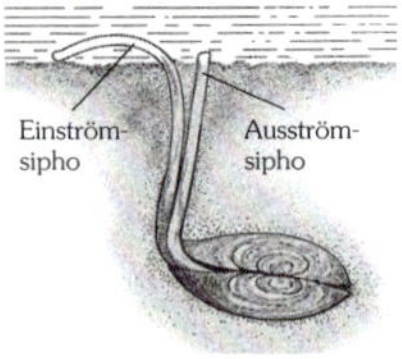

Die Tellmuschel saugt mit dem Einströmsipho Nahrungsteilchen vom Boden.

Familie: Tellmuscheln (Tellinidae). **Merkmale:** Gehäuse bis 30 mm groß, etwas ungleich gewölbt, vorn halbkreisförmig gerundet, hinten leicht abgewinkelt und kaum merklich nach rechts gebogen. Oberfläche konzentrisch gestreift. Farbe: weiß, gelb, rosa, rot, oft in konzentrischen Bändern verstärkt. **Lebensweise:** Von der Gezeitenzone abwärts, in sandigem Boden. Die Muscheln liegen seitlich schräg, mit der etwas gewölbteren Seite nach unten und nur wenig tief. Zur Nahrungsaufnahme strecken sie ihren sehr beweglichen Einströmsipho aus dem Boden heraus, um mit dem Atemwasser auch die im Wasser treibenden Schwebstoffe einzustrudeln oder wie mit einem natürlichen Staubsauger die in ihrer Reichweite niedergesunkenen organischen Nahrungspartikel von der Oberfläche abzusaugen (vgl. Grafik). **Vorkommen:** Ostsee, Nordsee, vom Ärmelkanal bis zur Iberischen Halbinsel. **Bemerkung:** Tellmuscheln fallen oft den Nabelschnecken zum Opfer. Die angebohrten Klappen findet man am Spülsaum.

Zarte Plattmuschel

Tellina tenuis

(Foto Mitte links)

Merkmale: Gehäuse 20–25 mm groß, dünnschalig, flach, hinten schräg abgestutzt und leicht nach rechts gebogen; sehr variabel. Oberfläche glatt. Farbe: weiß, gelb, orange, rosa, oft mit dunkleren Bändern. **Lebensweise:** Wie oben. **Vorkommen:** Ostsee (bis zur Kieler Bucht), Nordsee, europäischer Atlantik, Mittelmeer.

Mittelmeer-Plattmuschel

Tellina planata

(Foto Mitte rechts)

Merkmale: Gehäuse bis über 60 mm lang, oval, sehr flach und dünnschalig, hinten abgewinkelt. Fein konzentrisch gestreift. Farbe: weiß, gegen die Mitte zu hell orangegelb. **Lebensweise:** Wie oben. **Vorkommen:** Mittelmeer und portugiesische Küste.

Dickschalige Plattmuschel

Tellina crassa

(Foto unten links)

Merkmale: Gehäuse bis über 40 mm lang, festschalig, im Umriss fast kreisförmig. Rechte Klappe etwas bauchiger als die linke. Regelmäßige konzentrische Reifen. Farbe: weißlich, gelegentlich mit rötlichen Strahlen. **Lebensweise:** Auf Sandböden. **Vorkommen:** Ärmelkanal und europäischer Atlantik. Nicht im Mittelmeer.

Gebänderte Stumpfmuschel, Sägezähnchen

Donax vittatus

(Foto unten rechts)

Familie: Stumpf- oder Dreieckmuscheln (Donacidae). **Merkmale:** Gehäuse 20–40 mm lang, keilförmig, hinten schräg abgestutzt. Sehr feine radiale Riefen. Am unteren Rand fein gezähnelt. Farbe: weiß, gelblich oder braun. Oft mit weißen Strahlen. **Lebensweise:** Von der Niedrigwasserlinie an, in Sand. Häufig. **Vorkommen:** Deutsche Bucht, Ärmelkanal, Atlantik, Mittelmeer.

Große Pfeffermuschel

Schrobicularia plana

(Foto oben links)

typische Oberflächenstruktur

Familie: Pfeffermuscheln (Semelidae). **Merkmale:** Gehäuse bis 60 mm groß, dünnschalig, oval, zusammengedrückt, an den Enden leicht klaffend. Oberfläche konzentrisch gestreift. Dunkles Periostrakum, oft in Spuren erhalten. Farbe: kalkig bis schmutzig weiß oder gelblich. Innen weiß. **Lebensweise:** Die Muschel lebt etwa 15 cm tief eingegraben und saugt mit ihrem langen, senkrecht nach oben geführten Einströmsipho ähnlich wie die Tellmuscheln die organischen Nahrungsteilchen von der Bodenoberfläche ab. **Vorkommen:** Westliche Ostsee, Nordsee, Ärmelkanal, europäischer Atlantik, Mittelmeer. **Bemerkung:** Wird am Mittelmeer oft massenhaft auf den Fischmärkten angeboten. Typischer Bewohner des deutschen Schlickwatts.

Azorenmuschel

Azorinus chamasolen

(Foto oben rechts)

Familie: Kurze Scheidenmuscheln (Solecurtidae): **Merkmale:** Gehäuse bis etwa 40 mm lang, langgestreckt, ziemlich zerbrechlich, an beiden Enden abgerundet und klaffend. Unregelmäßige Zuwachsstreifen. Dickes, gelbbraunes Periostrakum, in der Wirbelgegend oft abgerieben. Farbe: außen wie innen weiß. **Lebensweise:** In Sand- und Schlammböden, ab 5 m Tiefe. **Vorkommen:** Kanalküste, portugiesische Küste, Mittelmeer. **Bemerkung:** Zuweilen als Beifang in Fischernetzen.

Striegelmuschel

Solecurtus strigilatus

(Foto unten links)

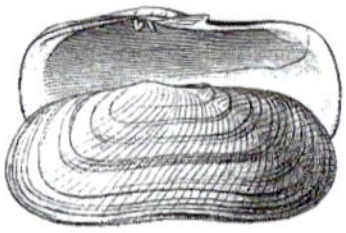

typische Oberflächenstruktur

Merkmale: Gehäuse zwischen 50 und 90 mm lang, festschalig, lang-oval, sehr gewölbt, an beiden Enden abgerundet und weit klaffend. Scharfrandig. Unregelmäßige Zuwachsstreifen und feine, schräge Riefen (wie »gestriegelt«). Dunkles Periostrakum. Farbe: hell rosa, mit zwei vom Wirbel radial nach unten ausstrahlenden, weißen Bändern. Das Tier ist viel länger als das Gehäuse und ragt vorn und hinten aus diesem heraus. **Lebensweise:** In Sand- und Schlammböden, etwa 20 cm tief im Boden eingegraben, in Tiefen zwischen 2 und 15 m. **Vorkommen:** Mittelmeer und anschließender Atlantik (Südportugal).

Flache Sandmuschel

Gari depressa

(Foto unten rechts)

Familie: Sandmuscheln (Psammobiidae). **Merkmale:** Gehäuse bis 70 mm lang, oft kleiner, mehr oder weniger zusammengedrückt, vorn gerundet und hinten etwas abgestutzt. An beiden Enden ein wenig klaffend. Konzentrische Zuwachslinien und feine radiale Streifen. Periostrakum, oft in Spuren erhalten. Farbe: weißlich, mit radial vom Wirbel ausgehenden rötlichvioletten Strahlen. **Lebensweise:** Wie oben. **Vorkommen:** Ärmelkanal, europäischer Atlantik, Mittelmeer.

Islandmuschel

Arctica islandica

(Foto oben)

Islandmuschel vom Strand bei Esbjerg an der dänischen Westküste

Familie: Islandmuscheln (Arcticidae). **Merkmale:** Gehäuse bis etwa 130 mm im Durchmesser, mit fast kreisrundem Umriss, dickschalig und sehr schwer, gewölbt, mit breiten, nach vorn gerichteten Wirbeln und einem kräftigen Schloss. Oberfläche mit groben, konzentrischen Zuwachsstreifen. Dickes, glänzendes, in der Jugend hellbraunes, später dunkelbraunes bis schwarzes Periostrakum, das sich an den Zuwachsstreifen oft faserig ablöst. Farbe: kalkig weiß bis gelblich. Innen weiß. **Lebensweise:** Die Muschel lebt wenig tief eingegraben in sandigem und schlammig-sandigem Boden, in der Nordsee hauptsächlich unterhalb 40 m, in der Ostsee ab 11 m Tiefe, und erträgt auch noch Wasserbereiche mit geringerem Salzgehalt. Sie bleibt jedoch nicht ständig eingegraben, sondern geht in zeitlichen Abständen immer wieder einmal an die Bodenoberfläche, vermutlich, um dort verstärkt Sauerstoff aufzunehmen. **Vorkommen:** Westliche Ostsee, Nordsee, europäische Atlantikküste bis zur Biskaya. Einzelklappen werden häufig auf Sylt und an der dänischen Westküste angespült.

Menschenherz, Ochsenherz

Glossus humanus

(Foto unten)

Von vorn gesehen zeigt das Gehäuse die schöne Herzform.

Familie: Zungenmuscheln (Glossidae). **Merkmale:** Gehäuse bis etwa 100 mm groß, kugelig, verhältnismäßig dünnschalig, aber fest, von vorn und hinten gesehen herzförmig (daher der Name). Wirbel nach vorn und einwärts gekrümmt. Oberfläche glatt, mit feinen, konzentrischen Zuwachsstreifen. Farbe: weiß bis hellbraun. Innen weiß. Dickes Periostrakum, an jüngeren Gehäusen grünlichgelb, an erwachsenen dunkelbraun. **Lebensweise:** Die Muschel lebt hauptsächlich in ruhigerem Wasser, auf sandigem, sandig-schlammigem oder auch weichschlammigem Boden, meistens in größeren Tiefen. **Vorkommen:** Vom Südwesten der Britischen Inseln bis zur Iberischen Halbinsel und im Mittelmeer. **Bemerkung:** Sie ist wohl eine der faszinierendsten Muscheln an der europäischen Atlantikküste und im Mittelmeer; häufiger im Golfe de Gascogne, an der Costa Brava und in der südlichen Adria. Wegen ihres tieferen Vorkommens ist sie am Strand mit Sicherheit nicht zu finden. Gelegentlich gerät sie aber in das Schleppnetz eines Fischers und wird dann mit anderen so genannten »Meeresfrüchten« auf den Fischmarkt gebracht. Man muss den Auktionsbetrieb eines Fischmarktes kennen, um zu ermessen, wieviel Geduld und Ausdauer nötig ist, um dort in den Besitz einer solchen Muschel zu gelangen. Es empfiehlt sich, in den Häfen die vom Fang heimkehrenden Fischer direkt anzusprechen.

Braune Venusmuschel

Callista chione

(Foto oben)

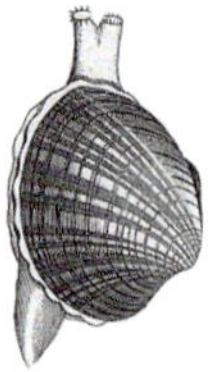

lebende Venusmuschel

Familie: Venusmuscheln (Veneridae). **Merkmale:** Gehäuse zwischen 60 und 100 mm lang, quer-oval, dickschalig, mit glatten Rändern und stark gewölbten, nach vorn gerichteten Wirbeln. Kräftige Schlosszähne. Oberfläche mit unregelmäßigen Zuwachslinien; bedeckt mit einem dünnen, glänzenden und durchsichtigen Periostrakum, das, wenn es unbeschädigt ist, dem Gehäuse einen besonderen Reiz verleiht. Farbe: hell- bis rötlichbraun, mit dunkleren konzentrischen Bändern und von den Wirbeln radial nach unten gerichteten Strahlen. Innenseite weiß. **Lebensweise:** Flachwasser, wenig tief in reinem Sandboden. **Vorkommen:** Von der Bretagne bis ins Mittelmeer. Dort gelegentlich auf Fischmärkten.

Strahlige Venusmuschel

Chamelea gallina

(Foto Mitte links)

Merkmale: Gehäuse bis 35 mm lang, dickschalig, mit glatten Rändern und nach vorn gerichteten Wirbeln. Unregelmäßige, konzentrische Reifen. Farbe: weißlich bis hellbraun, mit vom Wirbel ausgehenden, strahligen Feldern oder braunen Zickzacklinien. **Lebensweise:** Wie oben. **Vorkommen:** Mittelmeer und anschließender Atlantik. **Bemerkung:** Die in der Nordsee und im Ärmelkanal häufige *Chamelea striatula* wird heute als eine Form der Strahligen Venusmuschel angesehen.

Warzige Venusmuschel

Venus verrucosa

(Foto Mitte rechts)

Merkmale: Gehäuse bis 70 mm groß, dickschalig, fast rund. Skulptur aus groben, konzentrischen Lamellen, die im hinteren Bereich warzig erscheinen. Farbe: gelblichweiß, manchmal mit braunen Flecken. Innen weiß, porzellanig glänzend. **Lebensweise:** Flachwasser, in Sand. Häufig. **Vorkommen:** In der Bretagne und im Mittelmeer sehr verbreitet. Nicht in der Nordsee.

Einfache Teppichmuschel

Tapes rhomboides

(Foto unten links)

Merkmale: Gehäuse zwischen 50 und 70 mm lang, mit flachen, konzentrischen Leisten. Glänzend. Farbe: weißlich oder hellbraun, oft mit brauner Zickzackzeichnung. **Lebensweise:** Wie oben. **Vorkommen:** In der Bretagne verbreitet. Auch im Mittelmeer. In der Deutschen Bucht die ähnliche *Venerupis »pullastra«*. **Bemerkung:** Mit weiteren *Tapes*-Arten regelmäßig auf Fischmärkten.

Schlichte Artemis

Dosinia exoleta

(Foto unten rechts)

Merkmale: Gehäuse bis 60 mm groß, dickschalig, fast kreisrund, mit schmalen konzentrischen Reifen und entfernteren Zuwachslinien. Farbe: weiß bis hellbraun, oft mit braunen Strahlen und Zickzacklinien. **Lebensweise:** Gezeitenbereich, in sandigem Boden. **Vorkommen:** In der Bretagne verbreitet (wird dort zu Speisezwecken ausgegraben). Auch im Mittelmeer.

Sand-klaffmuschel
Mya arenaria

(Foto oben links)

Durch Bodenverlagerung verliert die Muschel den Zugang zur Oberfläche und stirbt ab. Leere Gehäuse im Watt deuten auf solche Katastrophen hin.

Familie: Sandklaffmuscheln (Myidae). **Merkmale:** Größte Muschel des deutschen Wattgebiets: Gehäuse bis 150 mm lang, vorn abgerundet, nach hinten spitz zulaufend. Vorn und hinten klaffend. In der linken Klappe ein löffelartiger Fortsatz zur Befestigung des elastischen Schlossbands. Farbe: schmutzig weiß, oft mit braunen Flecken. Innen kalkig weiß. Dünnes, schmutzig braunes Periostrakum. **Lebensweise:** Flachwasser. In sandigem oder schlammig-sandigem Boden. Ältere Tiere sitzen bis 30 cm tief und halten mit einem entsprechend langen schlauchartigen Organ, in dem Ein- und Ausströmsipho vereinigt nebeneinander liegen, Verbindung zur Oberfläche. Bei Bodenerschütterungen, etwa durch die Schritte eines Wattwanderers, zieht das Tier diesen Sipho ruckartig etwas ein und spritzt dabei das darin enthaltene Wasser als kleine Fontäne heraus. **Vorkommen:** Ostsee, Nordsee; im gesamten Wattgebiet häufig. Nordfranzösische Kanalküste.

Gestutzte Klaffmuschel
Mya truncata

(Foto oben rechts)

Merkmale: Gehäuse etwa 70 mm lang, ähnlich voriger, aber mit gerade abgestutztem Hinterrand. Vorderes Ende breit gerundet. Hinterende weit klaffend. **Lebensweise:** Wie oben. Im Gegensatz zur Sandklaffmuschel kann das Tier den Sipho ganz in das Gehäuse einziehen. **Vorkommen:** Westliche Ostsee (bis Warnemünde), Nordsee, europäischer Atlantik bis zur Biskaya.

Weiße Bohrmuschel
Barnea candida

(Foto unten links)

Familie: Bohrmuscheln, Echte Engelsflügel (Pholadidae). **Merkmale:** Gehäuse bis über 60 mm lang, dünnschalig, langgestreckt, mit gerundetem Vorderrand. Wirbel in der vorderen Gehäusehälfte. Gehäuserand davor nach außen umgeschlagen und mit einem zusätzlichen (losen) Schalenstück über dem vorderen Schließmuskel. Konzentrische und radiale Rippen mit kräftigen »Raspelzähnen« an den Kreuzungspunkten. Farbe: weiß. **Lebensweise:** Flachwasserbewohner; bohren in Ton, Torf, Kreide u. a. **Vorkommen:** Westliche Ostsee (bis Rügen), Deutsche Bucht, bis Mittelmeer.

Krause oder Gekrillte Bohrmuschel
Zirfaea crispata

(Foto unten rechts)

Merkmale: Gehäuse bis 90 mm lang, vorn spitz und hinten gerundet. An beiden Enden weit klaffend. Der ganze vordere Rückenrand bis zu den Wirbeln umgeschlagen. Konzentrische Reifen, hinten schwach, vorn als wellige Lamellen. Vom Wirbel abwärts eine Furche. Farbe: weiß. **Lebensweise:** Von der Niedrigwasserlinie an, in Ton, Torf, Kreide. **Vorkommen:** Westliche Ostsee, Deutsche Bucht, Kanal, Atlantikküste bis zur Biskaya.

Register

Deutsche Namen

Wissenschaftliche Namen